NOTICE SUR LA NÉCESSITÉ

DE REMPLACER

PAR

UN TISSAGE MÉCANIQUE

LES BROCHÉS A LA MAIN

PAR

DENEIROUSE

ANCIEN FABRICANT DE CHALES, CHEVALIER DE LA LÉGION D'HONNEUR

HONORÉ DE LA GRANDE MÉDAILLE (*con<eil medal*)

A L'EXPOSITION UNIVERSELLE DE LONDRES DE 1851

CORBEIL

TYPOGRAPHIE DE CRÉTÉ ET FILS

1863

DU REMPLACEMENT

UN TISSAGE MÉCANIQUE

DES BROCHÉS A LA MAIN

NOTICE SUR LA NÉCESSITÉ

DE REMPLACER

PAR

UN TISSAGE MÉCANIQUE

LES BROCHÉS A LA MAIN

PAR

DENEIROUSE

ANCIEN FABRICANT DE CHALES, CHEVALIER DE LA LÉGION D'HONNEUR

HONORÉ DE LA GRANDE MÉDAILLE (*concil medal*)

A L'EXPOSITION UNIVERSELLE DE LONDRES DE 1851

CORBEIL

TYPOGRAPHIE DE CRÉTÉ ET FILS

1863

FABRICANTS DE TISSUS DE LA VILLE DE NIMES

MESSIEURS ET CHERS COMPATRIOTES,

Ayant reçu de mon père une éducation très-super-
ficielle et pour tout héritage, sa navette, il doit être
permis à celui qui a consacré plus d'un demi-siècle de
son existence à la fabrication des tissus, d'en parler
avec intérêt et, s'il a aimé sa profession, d'en révéler
les besoins qui naissent des circonstances et des progrès
de notre époque.

Il doit m'être permis aussi d'honorer la mémoire du
chef de l'ancienne maison Lagorce et Saint-Martin, de
Nîmes, qui, non content de m'avoir exonéré du service
militaire dans un moment difficile, m'envoya aussi à
Paris, avec mon camarade Gaussen, auprès de notre
jeune patron César Lagorce, avec lesquels j'eus le bonheur de coopérer à la création de notre grande industrie châlière qui commençait à paraître.

Les fabriques les plus florissantes ont toutes de faibles commencements ; c'est à l'aide des lumières qui jaillissent des essais et de l'expérience de tous, comme d'un foyer commun, qu'elles prennent de l'essor ; celle à la naissance de laquelle j'ai assisté m'a permis de la suivre dans toutes ses phases et de coopérer à quelques-uns de ses brillants succès.

Arrivé au terme de ma carrière et hors des affaires depuis plusieurs années, j'ai recherché les causes qui ont arrêté jusqu'à ce jour l'*espoulinage mécanique*, et je viens vous soumettre à vous, Messieurs, les continuateurs de l'art du tissage, le fruit de mes méditations, persuadé que vous continuerez l'œuvre dans laquelle quelques-uns de vos compatriotes ont eu l'heureux avantage d'obtenir quelques succès. Vous avez sous la main une population ardente et industrieuse, dont personne ne peut méconnaître les qualités et l'initiative, en présence des magnifiques manufactures que vous avez élevées en bien peu d'années dans votre cité et dans les campagnes environnantes ; en présence aussi des admirables produits sortis de vos ateliers, qui attestent le bon goût qui les distinguent ainsi que le bon marché auquel vous pouvez les livrer par les moyens économiques que vous savez leur appliquer ; et enfin, en présence des nombreux élèves sortis de vos écoles, que l'on rencontre partout dans nos manufactures, où ils tiennent un rang très-distingué dans les fabriques où ils sont employés.

Permettez-moi donc, Messieurs, qu'étant ici sur mon terrain, je vienne, par les motifs que je viens d'exposer, vous faire hommage de cette notice, me réservant toutefois les imperfections dont l'équité veut que je sois seul responsable devant la critique : puissiez-vous voir dans ces recherches un gage de mon amour pour l'art du tissage en général, et pour chacun de vous qui l'honorez, une preuve de l'estime et de la considération que vous porte, Messieurs et chers compatriotes, un de vos plus sincères admirateurs,

DENEIROUSE.

PAR UN TISSAGE MÉCANIQUE

LES BROCHÉS A LA MAIN.

CHAPITRE PREMIER

Ancienneté du tissage. — La laine fut la première matière
employée aux tissus.

Avant de signaler quelques-uns des procédés qu'il
serait important d'ajouter dans l'industrie du tissage, je
crois devoir jeter un coup d'œil rétrospectif sur les premières matières et les premiers éléments qui servirent
à vêtir l'homme et à le protéger contre l'inclémence
des températures si variées de notre globe.

Réduit à de simples conjectures sur les procédés anciens, je citerai seulement ce que j'ai trouvé de plus
curieux, chez les auteurs sacrés et profanes, sur l'origine et les progrès du tissage.

Ainsi, nous voyons dans la Genèse ce que disait Jacob
à Laban (1) : *J'étais brûlé par l'ardeur du soleil, la nuit
le froid me pénétrait.* Les besoins de se couvrir d'un
vêtement quelconque se manifestaient donc dès les
premiers âges, et ont multiplié depuis lors, jusqu'à nos
jours, ces étoffes aussi variées que merveilleuses ; de

(1) Genèse, ch. xxxi, v. 40.

sorte que l'art du tissage a été et sera, dans tous les temps, l'un des premiers besoins de l'espèce humaine.

Chez tous les peuples, la découverte du peignage de la filature et des autres procédés précurseurs du tissage, se perd dans la nuit des temps ; il est remarquable que le nom d'une femme y fut toujours associé dans chaque pays : en Chine, ce fut la femme de l'empereur Yao ; c'est Isis en Égypte, Minerve en Grèce, en Lydie Arachné ; ce sont elles qui les premières enseignèrent à filer, à coudre, à ourdir ou à teindre : tradition touchante qui nous montre partout la compagne de nos affections appliquant, à la naissance de chaque civilisation, sa bonté ingénieuse à des travaux dont le but fut l'adoucissement de nos misères.

Mais de toutes les substances propres à être filées et converties en étoffes, quelle est celle qui la première fut mise en œuvre ? Malheureusement les expressions qu'emploient à ce sujet les auteurs soit sacrés, soit profanes, ne sont pas assez techniques pour qu'on puisse se flatter de les expliquer sans erreur ni confusion.

Ainsi nous voyons qu'à l'époque où Job vivait, ce modèle de patience et de résignation compare la rapidité de sa vie de douleur à la course de la navette (1) et prouve, par cette comparaison, que l'art du tisserand se rattache aux premiers âges du monde.

Et en accordant aux livres de Moïse toute la confiance que méritent ses récits inspirés, on peut dire, sans hérésie, que l'on n'est pas bien fixé sur les lieux qu'occupèrent les premières races de la création ; mais

_____

(1) Job, ch. vii, v. 6.

toutes les opinions se réunissent cependant pour reconnaître les contrées voisines du Tigre et de l'Euphrate, comme la primitive patrie du genre humain.

Or, le coton de l'Asie Mineure et de la Perse manque encore aujourd'hui de longueur, malgré les progrès qui durent résulter d'une culture aussi ancienne; il dut être pendant une longue succession d'années impropre à une filature facile et régulière.

Dans le lin et dans le chanvre, le fil n'aura pu être deviné que très-tard, parce que l'extraction des écorces gommeuses de ces deux plantes exigeait une série d'observations non interrompues et de pénibles préparations.

L'idée de l'éducation du ver qui donne la soie, et de tirer parti des coques de cet insecte précieux, suppose des connaissances qui appartiennent à une civilisation déjà très-avancée. Il fallut l'expédition d'Alexandre, qui, par le commerce, mit en communication l'Europe avec l'Asie, pour faire connaître en Grèce, je ne dis pas le bombyx (il n'y parut qu'au sixième siècle), mais la soie filée.

Il est donc supposable que la toison des animaux fut la première matière qui offrit d'abord le plus de facilité pour être filée.

En effet, nous voyons de bonne heure Laban en Mésopotamie (1), Judas et Absalon en Israël, occupés du soin important de faire tondre leurs brebis, et les Hébreux offrant à Moïse des poils de chèvres, *pilos caprarum*, pour être employés dans les ornements du tabernacle (2).

(1) Genèse, ch. xxxi, v. 19.
(2) Exode, ch. xxxv, v. 6, 23, 26.

CHAPITRE II

Première trace du tissage. — Couvertures de lits de festin. — Voile de Sidon. — Distinction des Hébreux sur le tissage. — Tissages brochés.

Dès les siècles les plus reculés, l'histoire nous montre la fabrication des ornements enrichis par des procédés ingénieux et variés.

Plus tard, ce furent les Babyloniennes (1) qui brodèrent à l'aiguille des couvertures de lits de festin, qui, du temps de Métellus Scipion, ont été vendues 800,000 sesterces (160,000 francs) et furent payées deux millions de sesterces par Néron (400,000 francs).

Ailleurs, c'est l'art avec lequel l'aiguille des femmes égyptiennes (2) avait rendu plus transparent encore par la broderie, le voile de Sidon, déjà si léger de tissu, et qui, sans le cacher, flottait voluptueusement sur le beau sein de Cléopâtre, dans le magnifique festin qu'elle offrit à César après la mort de Pompée.

Il est évident que le lit de festin que Pline rapporte avoir été payé par Néron 400,000 francs, devait être, à cette époque, beaucoup plus riche et plus ouvragé que tout ce qui se fabrique actuellement de plus magnifique en Europe.

Quant au voile de Sidon, ce devait être une merveille, à cause de la transparence et la légèreté des broderies ; étoffe aérienne que Publius Syrius, dans

(1) Pline, l. VIII, ch. xlviii.
(2) Lucain, *Phars.*, l. X.

Pétrone, nomme avec tant de bonheur du *vent tissu*, et Varron une *étoffe de verre*.

Enfin la Bible, à laquelle il faut sans cesse recourir lorsqu'on veut prouver la haute antiquité des choses, la Bible signale des broderies agréablement variées par des figures de chérubins bien antérieures à celles des siècles homériques.

Or, les Hébreux distinguaient deux sortes d'ouvrages brodés, et affectaient à chacun un nom particulier. Quand, sur une étoffe quelconque, on exécutait à l'aiguille des dessins tracés en fil d'or, de soie ou de laine, c'était *opus plumarii*, parce que dans les sujets représentés on cherchait à imiter la brillante variété du plumage des oiseaux. Mais lorsque la broderie était faite à la navette, avec des trames de couleurs différentes et en tissant l'étoffe, c'était *opus artificis*, c'est-à-dire ouvrage du fabricant ingénieux.

A mesure que les temps se rapprochèrent, les exemples d'ouvrages brochés se multipliant, les expressions devinrent moins équivoques, et ce procédé fut nommé l'art de peindre à la navette.

Dans la famille romaine des Macriens, les hommes portaient en bague ou en bracelet le portrait d'Alexandre ; mais les femmes le portaient *broché* sur leur tunique (1).

Le lit d'or sur lequel Denys fit asseoir le flatteur Damoclès, était couvert d'un tapis magnifique à dessins *brochés* (2).

<hr>

(1) Trebell. Pollio, in *Quieto*.
(2) Cicero, *Tuscul.*, l. VIII, ch. xxi.

Astérius, évêque d'Amosée, se plaignait au quatrième
siècle de la folie du temps, qui faisait attacher un
grand prix à cet art de tisser, aussi vain qu'inutile
(c'est le saint pasteur qui s'exprime ainsi) et qui, par la
combinaison de la chaîne et de la trame, imite la pein-
ture. Et il ajoute : « Lorsque les hommes ainsi vêtus
paraissent dans la rue, les passants les regardent comme
des murailles peintes, leurs habits sont des tableaux que
les petits enfants se montrent avec le doigt. Il y a des
lions, des panthères et des ours ; il y a des rochers, des
bois et des chasseurs. Les plus dévots portent le Christ,
ses disciples et ses miracles. Ici, l'on voit les noces de
Galilée, et les cruches de vin ; là, c'est le paralytique
chargé de son lit, ou la pécheresse aux pieds de Jésus,
ou le Lazare ressuscitant (1). »

CHAPITRE III

Silence des auteurs anciens et du marchand Protus sur l'art du
tissage. — Ignorance des lieux où étaient établies les fabriques.

Il est fâcheux que les auteurs anciens, soit philo-
sophes, soit savants, se soient abstenus d'écrire sur l'art
du tissage ; ils ont tous évité d'entrer dans les détails
qui auraient pu nous faire connaître à fond les arts
mécaniques des anciens peuples, soit qu'ils aient jugé
de semblables détails indignes de la majesté de l'histoire, soit qu'ils aient senti qu'à moins d'avoir exercé

(1) Mongez, *Recherches*, p. 265.

soi-même la profession dont on veut décrire les procédés, on ne peut le faire d'une manière exacte et intelligible. Ce que l'on conçoit mal ne saurait s'énoncer clairement : en effet, lorsque par occasion il leur arrive de traiter de semblables sujets, ils tombent le plus souvent dans d'étranges méprises, qui confirment de plus en plus cette vérité devenue triviale, que l'homme ne sait rien de science innée, et qu'il ne peut juger sainement des choses, même les plus simples, s'il ne les a point apprises ou pratiquées.

A défaut des historiens, il eût été à désirer que nous fussions instruits par les manufacturiers ou les marchands eux-mêmes : mais les commerçants, occupés entièrement du soin de faire prospérer leurs affaires, ou manquaient du loisir et des études nécessaires pour écrire sur leur art, ou ne se croyaient point obligés de transmettre à la postérité les procédés de leur profession et les secrets de leur négoce.

Le Phénicien Protus, fondateur de Marseille, devait être un marchand éclairé, et cependant a-t-il écrit sur son commerce ? A-t-il laissé l'histoire de sa colonie naissante, ou prévu seulement le degré d'illustration qu'elle devait un jour atteindre ? Solon, pour réparer les torts que la prodigalité de son père avait faits à sa fortune ; le sage Thalès, Hippocrate le mathématicien, et d'autres encore, se livrèrent au négoce (1) : quelles sont les lumières que ces hommes à idées philosophiques nous ont laissées sur les manufactures, les métiers et les arts industriels de leur temps ? Il faut peut-être, pour

____

(1) Plutarque, *in Solo.*

traiter avec succès de ces objets importants, d'autres ressources encore que des idées philosophiques : et comme tous les marchands, aux connaissances de leur état, ne sont pas tenus de joindre celles de l'art d'écrire, il n'est point étonnant qu'il existe dans l'histoire des arts mécaniques, chez les anciens, ici, des lacunes qu'on ne saurait remplir, là, des erreurs qu'on ne peut plus réformer, et partout une obscurité désormais impénétrable. Réduit donc à de vagues conjectures, et sur le lieu et sur le temps d'une découverte, ou à discuter les titres souvent contestés des inventeurs, ou à éclaircir les doutes qui naissent nécessairement d'une description incomplète ou fautive : quel est aujourd'hui l'écrivain qui pourrait espérer de suivre la trace et de remonter à la source des fabriques où se faisaient les beaux ouvrages dont j'ai parlé ? Étaient-elles établies à Memphis, à Babylone, ou bien en Phénicie ? Ecbatane et Suse étaient-ils les seuls endroits où elles florissaient ? C'est ce que nous ignorons. Toutefois, les Égyptiens passent pour avoir inventé l'art de broder, comme les Babyloniens celui de brocher. Mais cet art de brocher s'était bientôt perfectionné dans Memphis et dans Alexandrie, où le métier de tisserand avait l'avantage de réduire en abrégé et avec une grande supériorité d'exécution, des ouvrages qui, auparavant, étaient pour ainsi dire interminables sous l'aiguille des brodeuses ; les Hébreux, dans leur double captivité en Égypte et à Babylone, ayant dû retenir quelques-unes des connaissances de leurs vainqueurs, on ne peut pas dire non plus qu'ils n'aient point tenté de brocher eux-mêmes leurs étoffes, ou du moins qu'ayant connu l'usage et

conservé le goût des étoffes étrangères, ils n'en aient
point tiré de l'Orient par la voie du commerce. Il suffit
d'avoir réfléchi sur le principe de fixité qui fait un des
traits distinctifs du caractère des nations asiatiques,
pour conjecturer que ces ouvrages venaient en effet des
contrées les plus orientales par rapport à la Judée.

CHAPITRE IV

Introduction du tissage de la soie. — Succès des Avignonnais. —
Leur décadence. — Origine de la fabrique lyonnaise.

Il résulte de ce qui précède, que le tissage est né dans
l'Orient et pour ainsi dire en même temps que l'espèce
humaine, et qu'au moyen du tissage, cette fabrication
produisait des merveilles, tandis que nous étions encore, sous ce rapport, plongés dans les ténèbres.

Ce ne fut que bien longtemps après, c'est-à-dire au
treizième siècle, lorsque le comtat venaissin fut donné
au pape, que ses légats y introduisirent la soie et le
tissage de la soie ; et par la suite, lorsque les papes eurent établi dans Avignon le saint-siége apostolique, ils
encouragèrent cette industrie naissante en faisant fabriquer les riches étoffes qu'ils faisaient venir auparavant
de Damas en Syrie, pour les ornements des églises : et
les Avignonnais parvinrent à fabriquer si parfaitement
ces riches étoffes, qu'on les préférait à celles que l'on
tirait de Syrie. On voyait même, vers la fin du dernier
siècle, dans quelques églises de cette ville, des ornements

très-anciens et très-riches, que l'on prétendait y avoir été fabriqués (1).

D'ailleurs, plusieurs qualités naturelles à ce pays contribuèrent beaucoup à élever cette industrie à un très-haut degré de perfection.

D'abord le génie inventif des Avignonnais pour le mécanisme des métiers, ensuite la beauté du climat, la fertilité de son sol propre à tout genre de production, et l'affluence des eaux qui traversent la ville et l'entourent de tous les côtés, donnèrent à ses heureux habitants toutes les facilités possibles pour obtenir les plus brillantes couleurs.

Toutefois les succès des Avignonnais, que l'on regardait alors comme des étrangers au milieu de la France, attirèrent la convoitise des Lyonnais, qui établirent des manufactures du même genre dans leur cité, vers le règne de François Ier. Ce prince accorda des réglements aux villes de Lyon, Tours, Nîmes, etc., pour encourager cette riche industrie, et leur concéda divers priviléges; mais ce ne fut réellement que sous le règne d'Henri IV que les manufactures de Lyon prirent une grande extension.

Jusqu'alors, les Avignonnais avaient conservé leur supériorité dans la fabrication des étoffes de soie les plus riches; mais, à cette époque, se voyant abandonnés par leurs ouvriers et atteints dans leur commerce par la concurrence des Lyonnais, ils crurent pouvoir arrêter ce débordement en mettant un espèce d'impôt, *le tiers sur taux*, à la sortie de leurs étoffes; mais cette mesure pro-

(1) Paulet, p. IX.

duisit un effet tout contraire à ce qu'ils en espéraient, et acheva de ruiner, non-seulement leur commerce, mais aussi cette prépondérance de fabrication qu'ils avaient acquise et conservée pendant près de trois siècles.

Ce fut une débâcle industrielle des plus désastreuses pour la ville d'Avignon, qui, au dire de Paulet, perdit dans l'espace de neuf à dix mois plus de 30 mille ouvriers, et les meilleurs ustensiles des métiers à la *tire* furent vendus à vil prix.

Ce fut pour Lyon l'époque du degré d'élévation auquel elle est parvenue depuis, et où nous la voyons encore aujourd'hui.

CHAPITRE V

Insuccès de la fabrique Nîmoise. — Développement de ses manufactures. — Sa population industrieuse. — Paulet. — Son ouvrage. — Régnier. — Sa mécanique.

La ville de Nîmes, qui est, pour ainsi dire, aux portes d'Avignon, ne sut pas profiter de cette déconfiture en faveur de ses manufactures. Il est vrai que les discordes civiles qui ont existé pendant longtemps dans cette cité, ainsi que nous avons pu en voir des exemples déplorables de nos jours, ont nui considérablement au développement de ses fabriques, malgré le caractère éminemment industrieux de ses habitants; mais aujourd'hui, qu'une administration sage et éclairée a su diriger cette population ardente vers un avenir de grandeur et de prospérité inconnu jusqu'alors, cette ville est appelée à devenir l'une des plus importantes du midi de la France par ses manufactures, comme Marseille, sa voisine, par le commerce; car il y a dans la population nîmoise, une jeunesse studieuse et pleine d'ardeur, où se sont élevées en peu d'années, comme par enchantement, de très-grandes manufactures, dans lesquelles ont été créés des procédés nouveaux extrêmement ingénieux, qui attestent les progrès rapides qui y ont été faits dans l'industrie du tissage. L'école de fabrication, dont l'institution fait honneur au zèle éclairé de l'administration, a produit aussi une pépinière d'artistes et de dessinateurs distingués, qui tiennent aujourd'hui le premier rang dans nos grands centres industriels, et la ville de Nîmes peut se glorifier d'avoir donné naissance à Paulet et à Régnier, deux artistes des plus distingués dans l'art du tissage, et je me rappelle fort bien qu'en 1805, lorsque M. Lagorce, mon patron, m'envoya à Lyon pour y apprendre la théorie des étoffes, la Jacquart n'était pas encore admise dans la fabrication, et M. Laselve, professeur au conservatoire des arts de la ville de Lyon, me fit le plus grand éloge de l'ouvrage de Paulet que je ne connaissais nullement et que je ne pus apprécier que beaucoup plus tard, lorsque je parvins à me le procurer et à l'étudier.

Ce traité peu connu, qui contient trois volumes grand in-folio, avec plus de cent planches explicatives du texte, est aujourd'hui sans utilité, parce que la Jacquart est plus que suffisante pour exécuter toutes les étoffes que Paulet s'était donné tant de peine à décrire pour en faciliter le travail.

Néanmoins, les détails qu'il a donnés sur l'éducation

des vers à soie, sur le *tirage* de la soie, les moulins et le moulinage des soies, l'ourdissage des chaînes, les remisses, les peignes et la décomposition de plus de deux cents armures ou étoffes façonnées qu'il a exécutées ou fait exécuter lui-même par le moyen de ce qu'il appelle la *petite .tire*, prouvent que c'était un homme du plus haut mérite et très-profondément versé dans son art, non-seulement par son génie créateur, mais comme praticien et dessinateur consommé ; car toutes les planches qu'il a fait graver et qu'il a dessinées lui-même, sont d'une exécution si parfaite, qu'il est impossible de s'y méprendre, même dans les plus petits détails. Et si le traité qu'il se proposait de donner sur la *grande tire*, ayant pour objet l'art de fabriquer toute sorte de velours, ainsi que la description de quelques machines en usage alors, n'a pas été exécuté ainsi qu'il en avait l'intention, il est évident, pour moi, qu'il est mort à la peine, car ce qui lui restait à décrire, avec les détails et l'exactitude qu'il y mettait, était un travail de trop longue haleine pour qu'un homme seul pût le terminer, quels que fussent d'ailleurs son savoir et sa persévérance, sans être victime de son dévouement.

Ce qui nous reste de son travail a pour titre : *L'Art du fabricant d'étoffes de soie, par Paulet, dessinateur et fabricant en soie de la ville de Nîmes, approuvé par l'Académie royale des sciences, en l'année* 1773.

Cet ouvrage a servi de base à l'école de fabrication de la ville de Lyon, jusqu'à l'introduction de la Jacquart qui est venue, depuis son adoption, supprimer tous les moyens et procédés mécaniques qui avaient été trouvés et mis en usage depuis plusieurs siècles.

Il est fâcheux qu'il n'ait pas pu nous donner la description des mécaniques de Falcon, Maugis, et surtout celle de Régnier, dont il fait le plus grand éloge.

Ne la connaissant pas moi-même, et désirant signaler le mérite qui revient à Régnier dans l'intérêt de l'art et de la vérité, je suis obligé de rapporter ce que Paulet a écrit sur ce mécanisme, en disant : « Les métiers à « cylindre de Régnier sont encore un chef-d'œuvre « dont on ne connaît pas le mérite, parce qu'on n'a pas « voulu sans doute l'examiner. Je ne sais, dit-il, si la « fabrique de Lyon l'a connu, mais je l'ai vu travailler « dans Nîmes, où il a été inventé par le sieur Régnier, « homme d'un très-grand génie, qui a reçu même des « gratifications du gouvernement et de la province du « Languedoc, comme inventeur.

« Ce mécanisme n'est pas borné, comme le prétend « le contradicteur, car avec un métier semblable on peut « faire toute sorte de dessins ; ce qui prouve son igno— « rance, c'est qu'il n'a pas prévu que si la circonférence « du cylindre n'est pas suffisante pour la hauteur d'un « dessin, on peut en employer plusieurs que l'on change « successivement : de sorte qu'en numérotant les cylin— « dres, on les substitue aux autres dans le même ordre : « le changement d'un cylindre est de trois quarts plus « prompt que le montage d'un simple.

« Le sieur Régnier avait monté un métier à cylindre « pour faire un damas de 400 cordes de rames, pour « faire un dessin de 400 dizaines, ce qui produisait « deux mille lacs, qu'il avait distribués sur un nombre « de cylindre convenable à ce travail. Au surplus, « l'entretien d'un métier à cylindre est beaucoup

« moins considérable que celui d'un métier à la
« corde, la dépense est à peu près la même ; ainsi,
« quand on a l'avantage de pouvoir fabriquer *seul*
« toutes sortes d'étoffes, soit à la *petite tire*, soit *au*
« *courant*, soit les brochés les plus riches, il est certain
« qu'on ne peut y trouver que de l'avantage, surtout
« quand on veut avancer l'ouvrage à proportion : car j'ai
« vu chez l'auteur de cette machine un ouvrier qui fai-
« sait, journée commune, quatre aunes (4 mètres en-
« viron) de prussienne, petite étoffe en deux lacs, par la
« chaîne et par la trame ; c'est la journée ordinaire de
« deux ouvrières qui fabriquent cette étoffe à bouton. »

Il résulte donc, au dire de Paulet, que le mécanisme
de Régnier était un chef-d'œuvre avec lequel un ouvrier
pouvait fabriquer *seul* toute sorte de dessins : il s'agissait seulement de disposer des cylindres en quantité
suffisante pour exécuter les dessins que l'on voulait
faire, en substituant successivement les susdits cylindres ; c'est précisément ce que l'on fait sur la Jacquart
lorsque la hauteur du dessin dépasse un certain nombre
de cartons ; car, en ce cas, les cartons sont mis en pa-
quet, et on les remplace à volonté sur la mécanique ;
de sorte que le résultat est le même, puisque, par l'un
comme par l'autre procédé, on peut multiplier et
agrandir les dessins à volonté, et qu'un *seul* ouvrier
suffit pour exécuter les dessins les plus riches.

Je ne prétends pas dire pour cela que le mécanisme
de Régnier qui, selon Paulet, n'était pas borné, c'est-à-
dire sans limite, fût préférable ou tout aussi bon que
celui de Jacquart ; mais ce que je tiens à constater,
c'est qu'après plusieurs siècles de tâtonnements pour

arriver à fabriquer *seul*, *sans tireur de lacs*, toutes sortes de dessins, deux hommes de génie, Jacquart et Régnier, y étaient enfin parvenus, par des moyens différents, vers la fin du dernier siècle.

CHAPITRE VI

La fabrique lyonnaise. — Ses succès. — Les récompenses à ses ouvriers. — Son oubli pour Jacquart. — Les conséquences de cet oubli.

Ce qu'il y a de remarquable au sujet des innovations qui ont été faites dans tous les temps, ce sont les gratifications et les encouragements que les inventeurs recevaient, soit du roi, soit de la province, soit de la ville où ils exerçaient leur industrie. Et c'est à ces encouragements que la ville de Lyon doit le degré d'élévation et de prospérité où elle est arrivée depuis longtemps; car, pour acquérir cette célébrité, les Lyonnais faisaient alors des essais de toute nature; soie, dorure, dessins, façon d'ouvriers, rien ne les rebutait, quelle qu'en fût l'issue, et, d'après Paulet, le corps des fabricants de Lyon accordait des récompenses dont il fut gratifié lui-même pour une invention qu'il proposa et qui fut accueillie avec faveur. C'est à ces récompenses, dit-il, que la fabrique de Lyon a dû l'invention du métier à la Maugis, ainsi qu'à la Falcon; c'est aussi à Galantier et à Blache, tous deux Avignonnais, qu'ils doivent l'organisation des métiers à *bouton*; et c'est au génie créateur de Galantier qu'ils ont dû plus de cent espèces d'étoffes qu'il avait inventées lui-même.

Il semblerait depuis lors que les fabricants lyonnais, fiers de leur supériorité justement acquise par d'aussi nobles moyens, n'ont plus besoin de donner des encouragements et d'honorer la mémoire des hommes de génie qui ont coopéré avec tant d'avantages à leurs magnifiques succès; ils paraissent avoir oublié que c'est à cette coopération que leurs devanciers avaient acquis cette réputation qui avait été pendant si longtemps l'apanage des Avignonnais. Car, ayant eu moi-même le désir de connaître et de rendre hommage à l'artiste distingué, à l'ouvrier habile qui avait mis en pratique les grands principes qui découlent de son mécanisme, je fus voir Jacquart à Oullins, avec un de mes amis qui habitait Lyon à cette époque, et c'est de sa bouche que nous apprîmes les contrariétés, les déceptions de toute espèce que lui suscitèrent, contre son mécanisme, non-seulement les fabricants de Lyon les plus distingués, mais toute la fabrique lyonnaise.

Il est vrai que le système Jacquart supprimait les marches, contre-marches, ligatures, lisses, tire-lisses, lisserons, ailerons, arbalettes, carette simple et à double batterie, et tous les cordages nécessaires à faire mouvoir tout cet attirail dont les ouvriers étaient pourvus et pour lequel ils avaient dépensé des sommes importantes ; mais il n'est pas moins vrai que ce mécanisme, ayant été généralement apprécié, fut adopté comme bien supérieur à l'ancien système, et que les Lyonnais en auraient dû rendre hommage à leur compatriote, auquel, pour tout souvenir, ils ont élevé une piètre statue sur une place perdue de Lyon, presque honteuse de son abandon ; et pendant près d'un quart de siècle, c'est-à-dire, pendant la période la plus florissante de la fabrique lyonnaise, Jacquart n'a eu pour tout monument, dans le cimetière d'Oullins, qu'une tombe de gazon, une croix ombragée d'un mûrier.

Or, quelle que soit la position élevée de la fabrique lyonnaise, qui est sans rivale, rien ne justifie l'oubli des services rendus. Et cet oubli, qui pourrait être expliqué en quelque sorte par les soins qu'exige le tracas des grandes affaires, a un double inconvénient dans l'intérêt même de l'industrie lyonnaise, en ce que les ouvriers lyonnais, travaillant tous chez eux isolément et sachant qu'ils n'ont aucune récompense à espérer, se sont livrés et se livreront constamment à leur fabrication journalière sans s'occuper des améliorations qui en découlent ; il en résultera donc une apathie qui viendra paralyser toute espèce d'innovation.

Il est évident, d'après ce qui a eu lieu, que c'est par des encouragements pécuniaires et honorifiques que l'on peut faire progresser continuellement l'art du tissage, et ces encouragements ont été mis en pratique depuis plusieurs siècles, c'est-à-dire, depuis le règne de François Ier ; car Henri IV et ses successeurs ont aussi constamment donné aux manufactures des marques de la protection qu'elles ont paru mériter. Paulet cite à ce sujet un rapport du 7 juillet 1777 sur des expériences faites en présence de l'Académie royale des sciences, par les sieurs Maille, de Louviers, et Dauberte, de Lyon, pour lesquelles le gouvernement était dans les dispositions les plus encourageantes. Et il ajoute. « Le gouver- « nement, toujours attentif à encourager l'industrie, a « accordé différentes récompenses aux auteurs des dé-

« couvertes utiles à la fabrique des étoffes. Aussi a-t-on
« vu des artistes célèbres s'occuper à la perfection de
« cet art, et présenter des inventions capables de les
« couvrir de la gloire la plus solide.

« Plusieurs d'entre eux, ne pouvant subvenir aux
« frais qu'occasionnent nécessairement des recherches
« toujours dispendieuses, ont obtenu des gratifications
« ou des avances qui les ont mis en état de les perfec-
« tionner. »

Ainsi, pendant près de trois siècles, tous les gouver-
nements qui se sont succédé n'ont cessé d'encourager
la fabrication des étoffes, et des artistes célèbres n'ont
pas craint de concourir à la perfection de cet art et ont
reçu des gratifications et des récompenses qui les ont
couverts de gloire. Quoique ces époques soient très-
éloignées et que depuis l'on ait fait de grands progrès
dans l'art du tissage, la situation est restée la même re-
lativement aux innovateurs. L'expérience prouve que
les moyens mécaniques sont généralement mis à jour
par des ouvriers habiles et ordinairement peu fortunés,
c'est-à-dire par des hommes pratiques tels que : Maugis, Falcon, Galantier, Blache, Paulet, Régnier, Jacquart, etc., qui ont élevé l'art du tissage à un si haut
degré de perfection ; ou bien dans les grandes manufactures, où se trouvent réunis aussi de nombreux ouvriers et d'excellents contre-maîtres, qui ont la faculté
de pouvoir faire des essais sur des métiers qu'ils dis-
posent pour cela dans les établissements mêmes où ils
sont employés : de sorte que la ville de Lyon se trouvant privée de tous ces moyens, il n'est pas étonnant,
que cette cité, qui avait depuis plusieurs siècles fourni

d'excellents moyens de fabrication, soit débordée aujourd'hui par la fabrication parisienne, qui lui fournit actuellement toutes les améliorations nouvelles.

CHAPITRE VII

Des manufactures de la ville de Paris. — Leur importance. — L'industrie châlière. — Ses résultats.

De toutes les villes manufacturières de France, c'est Paris, centre du goût et de la mode, qui, après Lyon, est la plus importante. Elle comptait à peine 600 métiers pour fabriquer des tissus façonnés, et 1,500 occupés à faire des gazes, avant notre première révolution ; et lorsque mon patron voulut monter une fabrique de châles à Paris, ces deux industries avaient en quelque sorte disparu : de telle sorte qu'étant chargé moi-même de cette organisation, j'eus beaucoup de difficultés à trouver quelques métiers *à la tire*, les ouvriers ayant presque tous changé d'état, et, sur plus de deux mille métiers, je parvins à peine à en réunir une quarantaine, tout en offrant de l'argent et les ustensiles nécessaires à cette nouvelle fabrication ; tandis qu'aujourd'hui, l'on y voit s'élever de très-grandes manufactures, dans lesquelles on fabrique de magnifiques étoffes pour ameublements, des nouveautés pour robes, châles et écharpes, des étoffes pour gilets, des tissus de crins, etc., etc. Et la fabrique de châles qui a pris naissance à Paris même, occupe chez les ouvriers plus de métiers à elle seule, qu'il n'y en avait avant la révolution.

C'est à l'industrie châlière que l'on doit les améliorations importantes qui ont été introduites dans le mécanisme de Jacquart, c'est pour cette fabrication que l'on y a ajouté les *doubles griffes* et le double *ampoutage des fourches*, ainsi que la *poulie de retour, l'armure des lisses* qui, par leur réunion avec la nouvelle disposition, *paire et impaire de la carte,* sont venus tripler le jeu des aiguilles, de manière que 400 de la mécanique primitive ont produit l'effet de 1200 et ont permis de faire des dessins, non-seulement trois fois plus grands, mais d'obtenir une économie de 90 pour 100 sur le prix coûtant du lisage des dessins.

Il est résulté de ces découvertes un double avantage : d'abord, pour le consommateur, celui d'en rendre le prix accessible à toutes les fortunes ; et ensuite, celui de placer la ville de Paris à la tête d'une véritable école de dessin de tissage et de tout ce qui constitue la fabrication des étoffes.

Aussi nous avons pu voir, d'après toutes les expositions qui se sont succédé depuis 1819, que la ville de Lyon, qui fabrique à elle seule autant de tissus que toutes les autres fabriques de France réunies, n'a produit, en innovation un peu remarquable, que le battant brocheur et le tissu imitant la gravure : et cette dernière innovation surtout est plutôt une difficulté vaincue que d'une utilité pratique, ce qui fait supposer, avec quelque raison, que la fabrique lyonnaise est plutôt appelée à innover des étoffes recherchées par le monde industriel, qu'à créer des moyens mécaniques, qui sont ainsi que je crois l'avoir démontré, tout à fait en dehors de sa condition actuelle et se trouve, sous ce rapport, débordée par la fabrication parisienne.

Or, Paris étant devenu le centre, non-seulement de l'industrie du tissage, mais de toutes les industries en général, il est devenu aussi le point de ralliement des artistes les plus distingués de la France et même de l'étranger : de sorte que les mécaniciens les plus capables et les ouvriers les plus habiles s'y trouvant réunis, l'on pourrait y exécuter ou faire exécuter tous les objets nécessaires à une invention quelconque, avec plus de facilité que partout ailleurs, si le gouvernement voulait subvenir *aux frais qu'occasionnent des recherches toujours dispendieuses,* soit en proposant des primes d'encouragement aux artistes mécaniciens qui apporteraient les meilleurs plans qui leur seraient demandés, soit par des avances ou par des gratifications, ainsi qu'on l'a fait dans tous les temps et même pour Jacquart en 1795.

Il ne faut pas augurer de ce que la Jacquart a fait faire un pas immense à l'industrie châlière, pour croire que tout est trouvé, ou que l'on peut réaliser ce qui nous manque encore, par les mêmes moyens qui ont servi à obtenir ces magnifiques résultats : ce serait une grande erreur, en ce que, possédant le mécanisme, il ne s'agissait plus que d'en multiplier les moyens d'action ; tandis que pour obtenir *un espoulinage mécanique,* nous avons, quoi qu'on en dise, tout à créer, ainsi que j'espère le démontrer.

CHAPITRE VIII

De l'espoulinage mécanique. — Des diverses industries qui en découlent. — Rapport de Victor Jacquemont sur les châles indiens.

Le battant brocheur est le seul moyen avec lequel on soit parvenu jusqu'à ce jour à brocher les étoffes mécaniquement ; mais sa combinaison par compartiment, pour obtenir le passage des espoulins, ayant été un obstacle à son application, il en est résulté que toutes les étoffes à dessins riches pour robes, tentures ou ameublements, sont encore aujourd'hui brochées à la main, comme on les fabriquait jadis au treizième siècle. Néanmoins, quoique tous ces articles aient depuis longtemps une importance manufacturière très-considérable, je n'ai pas connaissance que, pendant cette période, l'on se soit occupé de remplacer la main-d'œuvre de ce travail par un mécanisme quelconque. Mais, depuis que la mode des châles de l'Inde a pris en France une aussi grande extension, nos artistes ont fait des recherches multipliées pour simplifier cette main-d'œuvre, mais sans pouvoir surmonter les obstacles que je vais essayer de décrire.

Avant de faire connaître toute l'importance de ces difficultés et afin de pouvoir les apprécier à leur juste valeur, je crois devoir citer les documents que M. Victor Jacquemont a puisé dans les fabriques de la province de Cachemire, dont l'authenticité me paraît d'autant plus incontestable qu'elle se trouve parfaitement en rapport avec le métier de l'Inde que j'ai été à même de connaître, et avec le rapport des syndics-experts de Lahore, envoyé à Paris par le général Allard.

Ces documents donneront une idée complète des difficultés du travail indien, de la lenteur de cette fabrication, du prix coûtant de ces produits, et des avantages qui pourraient en résulter pour nos fabriques, si l'on parvenait à l'excuter mécaniquement.

Voici ces documents de Victor Jacquemont que j'ai copiés textuellement, n'omettant pas même ce qui est en dehors de la fabrication, afin de lui conserver son caractère particulier et original.

« Aux pieds des embranchements de l'Himalaya s'é-
« tend la vallée de Cachemire, centre de la fabrication
« de ces précieux tissus qui, sous le nom de *châles*, ont
« révolutionné les modes européennes. Ce genre de
« tissage remonte aux premières époques de la civilisa-
« tion orientale. La Bible, Homère, Dioscoride, Théo-
« phraste, les poëtes, les naturalistes anciens parlent
« tous d'étoffes richement peintes qu'on recevait des
« vallées de l'Inde. Mais comme ces documents ne nous
« ont paru ni assez précis ni assez explicites, nous nous
« bornons à les indiquer aux personnes qui s'occupent
« spécialement des recherches archéologiques.

« Depuis que la navigation a ouvert à l'Europe les
« routes de l'Inde, plusieurs voyageurs ont visité le pays
« des mystères et de poésie ; ils ont beaucoup écrit sur
« les châles de Cachemire. Hâtons-nous de dire
« qu'aucun de ces hardis pionniers de la science ne
« connaissait ni le mode de fabrication, ni la matière
« employée par les tisserands. Il était réservé à un de
« nos compatriotes, Victor Jacquemont, de donner le

« premier sur les châles des documents incontestables.

« Victor Jacquemont désigne la matière première
« qu'on livre d'abord aux cardeuses, puis aux fileuses
« à rouets, enfin aux tisserands, sous le nom de *peschun*.
« Il ne dit pas si le *peschun* provient des chèvres ou des
« moutons du Thibet ; néanmoins, la désignation de
« *poil,* dont il se sert à plusieurs reprises, nous porte à
« croire qu'il était persuadé que le *peschun* provient du
« duvet d'une espèce de chèvre qu'on ne trouve que sur
« le grand et le petit Thibet. Le général Allard, qui avait
« fait de l'Inde sa seconde patrie, était du même avis
« et pensait que les beaux châles de Cachemire se fabri-
« quaient avec le poil des chèvres thibetaines.

« Le *peschun* est rapporté de Ladak, plus ou moins
« mêlé de poil. Après avoir acquitté tous les droits, il
« se vend 7 francs 50 à 10 francs le kilogramme.

« Quarante-sept échantillons de fils de diverses cou-
« leurs, employés à la fabrication des châles, ainsi que
« deux échantillons d'allouanne et d'ourmok, recueillis
« par Victor Jacquemont, sont déposés au Conserva-
« toire des arts et métiers à Paris.

« On sépare, à Cachemire, la majeure partie du poil
« le plus grossier ; il se vend alors 12 francs 50 le kilo-
« gramme.

« C'est ce *peschun*, ainsi trié, qu'achètent les femmes
« des tisserands et qu'elles filent au rouet à la main.

« Le fil est simple ou double ; le fil double, qui n'est
« que très-lâchement tordu, sert à former la trame de
« toutes les espèces de châles.

« La chaîne des châles les plus fins a 2,200 fils (1) ;

(1) C'est bien 2,200 fils de chaîne que chaque ouvrier est obligé de

« celle des plus grossiers, 1,600; elle est tendue sur
« une sorte de métier à broder, et mouillée fréquem—
« ment avec une colle très-claire de farine de riz, qui
« donne au fil de la force et l'empêche de plucher. Le
« métier devant lequel trois tisserands sont assis, est
« chargé quelquefois de trois mille fuseaux pour la
« broderie.

« On ne prend jamais dans celle-ci plus de quatre fils
« de chaîne à la fois. Les meilleurs ouvriers, qui font
« les ouvrages les plus difficiles avec le plus d'activité, ga-
« gnent 5 annas (80 centimes) par jour, moyennement
« 2 annas (32 centimes). Mais ce salaire n'est que no-
« minal, parce qu'ils sont astreints à se fournir de riz
« chez leur maître, qui est lui-même obligé de l'acheter
« du gouvernement à raison de 7 francs 90 centimes
« les 100 kilogrammes. L'État oblige le *Malik* à acheter
« de lui chaque année 1,500 kilogrammes à ce prix,
« par métier.

« Le *Malik* vend de force à ses tisserands dans la pro-
« portion où il est obligé de l'acheter. Néanmoins il y
« a toujours un excédant sur leur salaire qu'il leur
« donne en argent ; il supporte une partie de l'impôt,
« les ouvriers le reste. Tous les ouvriers sont payés à l'a-
« vance, au moins de deux mois, quelques-uns de six
« à huit mois. Ils travaillent tous à la tâche.

« Une fois par mois, le collecteur de l'impôt fixe avec
« des arbitres la valeur de toutes les pièces de châles et
« de *djamevars* qui ont été faites dans le mois écoulé.

conduire et brocher au fuseau; mais comme il y a trois ouvriers sur
chaque métier, le châle se compose de 6,600 fils de chaîne, que nous
retrouvons en effet sur leurs châles compte fin.

« Le *Malik,* pour obtenir son timbre, acquitte immédia-
« tement un droit de 50 pour 100 de leur valeur.

« Quand le collecteur a l'ordre de transmettre au
« gouvernement, en châles, une partie de l'impôt éta-
« bli sur la fabrication, les *Karkhundas* lui abandonnent
« un tiers de leur fabrication pour obtenir son timbre
« sur le res te.

La chaîne des bordures est toujours de soie, lors-
« qu'elles sont tissues avec le reste de la largeur du
« châle, comme lorsqu'elles sont séparément, pour y
« être rapportées ensuite. »

« Mais cette économie est la plus mal entendue ; les
« palmes et les bordures ont une lourdeur et une rai-
« deur disgracieuse. C'est une énigme pour moi, à Ca-
« chemire, s'écrie Jacquemont, que les éloges qu'on
« donne à Paris à ces châles pour la beauté des plis qu'ils
« font en tombant. Je soupçonne qu'on leur fait subir
« dans l'Inde quelque apprêt particulier, pour les vendre
« en Europe, ce qui leur donne cette qualité.

« Les châles les plus chers qui se fassent sans com-
« mande expresse, coûtent environ 2,500 ou 3,000 rou-
« pies (6,250 ou 7,500 francs) la paire. Ils s'exportent
« en Perse, et de là en Russie, où ils se vendent. Leur
« fond uni se réduit presque à rien par l'énorme hau-
« teur des palmes et la largeur excessive des bordures.
« J'ignore à quoi ils servent ; leur poids est beaucoup
« trop considérable pour qu'ils puissent être agréables
« à porter.

« Les plus beaux *djamevars* coûtent 1,200 à 1,500
« roupies (3,000 à 3,750 francs) la pièce. On appelle de
« ce nom cette espèce de châles sans bouts ni bordures,

« mais rayés en long de diverses couleurs ou semés de
« dessins sur fond d'une seule couleur. Les *djamevars*
« de haut prix sont aussi d'un poids excessif. Ils se ven-
« dent en Perse, où on les coupe pour en faire des vête-
« ments d'hiver pour les riches, particulièrement pour
« les femmes.

« Les *djamevars* rayés se vendaient surtout en Tur-
« quie, où ils servaient de ceintures. Mais l'adoption du
« costume européen par le dernier sultan Mahmoud, a
« presque annihilé les demandes de *djamevars* pour la
« Turquie. En Perse, on les porte aussi en ceinture.
« Ceux de qualité très-commune s'achètent aussi dans
« le nord de l'Inde, où ils servent aux personnes qui ne
« peuvent faire la dépense d'une paire de châles.

« Les *djamevars* se portent toujours simples. Leurs
« dimensions sont les mêmes que celles des châles ;
« les plus communs coûtent environ 70 roupies
« (1,575 francs). On recherche la nouveauté dans les
« dessins.

« Ceux d'aujourd'hui (Jacquemont se trouvait à Ca-
« chemire en 1831) sont presque tous de mauvais goût.
« Ces dessins sont faits par de pauvres peintres qui
« n'ont pas d'autres occupations. Dessinés, peints sur
« le papier, un ouvrier expert les traduit dans la *langue*
« *des fuseaux*. Il écrit le nombre des fuseaux néces-
« saires à faire jouer la trame, et par des signes qui ne
« laissent pas de ressembler à des hiéroglyphes, l'as-
« semblage de ces fuseaux. Son papier est posé sur le
« métier, en face de l'ouvrier assis au milieu, qui le lit
« en travaillant, pour se guider ainsi que ses deux aco-
« lytes.

« Les teintures sont très-médiocres. Toutes les
« nuances du jaune se préparent avec le safran et sont
« peu solides ; celles du bleu avec l'indigo, à l'exception
« du bleu marin, appelé *feroze*, qui se prépare comme
« le vert pomme, avec la couleur extraite d'une sorte de
« drap vert grossier, qui vient d'Europe, et qui n'a pas
« d'autre usage que de céder sa teinture aux châles de
« cachemire. Ces deux couleurs sont de beaucoup plus
« chères que toutes les autres. Après elle vient l'écar-
« late, toujours fait de cochenille, très-éclatant, mais
« d'une teinte fausse. Le ponceau, le cramoisi et les au-
« tres dégradations du rouge jusqu'au violet, se font
« avec un mélange de cochenille et d'un bois de teinture
« apporté de l'Inde. Toutes ces nuances sont peu so-
« lides. Le noir est fait avec du sulfate de fer, qui entre
« aussi dans la composition du vert sombre avec l'in-
« digo et le safran. L'alun sert de mordant à toutes ces
« couleurs.

« La plus populaire dans le Penjâb et dans l'Inde est
« l'écarlate, puis peut-être le blanc. Le noir a peu de
« faveur ; il s'exporte en Turquie et en Europe. Tout ce
« qu'il y a de plus laid en dessin et en assortiment de
« couleurs va à Boukkara.

« L'apprentissage est long et difficile ; il faut cinq ou
« six ans pour faire un ouvrier médiocre, et telle est
« l'idée qu'ont de leur état les tisserands de châles,
« qu'ils ne le font jamais apprendre à leurs enfants,
« avant cinquante ans ; presque tous les *chasbatas*,
« comme on les appelle, sont infirmes ou aveugles. Le
« nombre actuel (1831) des métiers est de 9,000 ; en
« 1841, il était de 15,000.

« Les fabricants ou *Karkhandas* ne trafiquent pas
« sur leurs produits ; ils ne sont pas assez riches pour
« cela. Chacun, selon les prix du marché, met de l'ou-
« vrage sur les métiers. Le plus riche n'en a pas plus
« de 200 ; au fur et à mesure que son ouvrage est prêt
« pour la vente, il le vend à Cachemire, sans jamais
« réaliser de gros bénéfices ; mais aussi il ne fait pres-
« que jamais de pertes. Il n'entreprend jamais, sans
« commandes expresses, de très-beaux ouvrages.

« Les ateliers sont de mauvaises petites maisons,
« grandes pour Cachemire et des mieux bâties qu'il y
« ait, en briques sèches ou en pisé grossier, avec deux
« étages au-dessus du rez-de-chaussée ; chaque étage ne
« forme qu'une seule salle, qui admet dix à douze mé-
« tiers ; ces salles n'ont pas plus de 1 mètre 80 centi-
« mètres de hauteur ; en hiver, leurs petites fenêtres
« sont fermées avec du papier, et chaque tisserand,
« sous sa grande robe, place à terre, entre ses pieds, une
« chaufferette.

« C'est une opinion générale que l'air de Cachemire
« est le seul dans lequel on puisse travailler avec succès
« à la fabrication des châles très-fins. Le fait est qu'à
« Lahore, Amritsir, Loudhiana et Nourpour, où des
« colonies de Cachemiriens se sont établies depuis plu-
« sieurs années et ont transporté leur industrie jusqu'à
« Islamabad même, et Pampour, éloigné seulement de
« quelques lieues de Cachemire, on ne fabrique que
« des châles communs.

« Cachemire, outre ses 30,000 tisserands de châles,
« avait en 1831 plusieurs milliers de brodeurs, qui imi-
« tent rapidement à l'aiguille les palmes et les brode-

« ries tissées si lentement. Ils travaillent sur la même
« *allouanne* qui sert à faire le fond des châles, et se
« servent de fils de soie ou de *Peschuns*. Les deux gen—
« res d'ouvrages se montrent quelquefois dans le même
« châle.

« Ce mode de confection est fort léger et beaucoup
« moins cher que la broderie tissue. Il est fort estimé
« dans l'Inde, à Delhi surtout. Jacquemont assure qu'il
« n'y avait pas moins de 7,000 brodeurs occupés à
« Cachemire. Il ne croit pas que ce genre de châle
« s'exporte en Europe, où probablement il ne serait pas
« fort recherché (1).

« L'impôt sur les châles rapportait en 1831, à Rendjet-Sing, 12 haks de roupies (3 millions de francs).

« Les châles destinés pour les marchés de l'Hindous-
« tan reçoivent à Amritsir un dernier apprêt qui con-
« siste dans plusieurs lavages. Un châle de Cachemire
« qui n'aurait pas été lavé, dit Victor Jacquemont, ne
« serait pas marchand dans l'Inde, et on les lave mieux
« à Amritsir qu'à Cachemire même. J'ai vu aussi des
« trafiquants de cet article sous les varanques et quan-
« tité de gens occupés à coudre des bordures à des fonds
« qui n'en avaient point ; *d'autres, l'aiguille à la main,*
« *réparant les défauts du tissu et faisant ces reprises*
« *perdues qu'il est impossible de reconnaître.* Enfin, on
« donne aux produits de l'industrie cachemirienne la
« dernière façon qu'ils doivent recevoir avant d'être
« exportés dans l'Inde. »

(1) Depuis lors, une assez grande quantité de châles brodés ont été
importés en Europe, mais ils n'ont eu qu'un succès passager.

CHAPITRE IX

Introduction des châles de l'Inde.— Leur imitation en France.

L'introduction du châle en Europe ne remonte pas au delà de la première moitié du dix-huitième siècle.

Les ambassadeurs de Tippo-Saël, sultan de Mysore, qui arrivèrent à Paris sur la fin du règne de Louis XVI, avaient des robes, des turbans en tissus de Cachemire dont la magnificence fut à peine remarquée par les grandes dames de Versailles. Cependant Dupleix et Lally-Tollendal, gouverneur de Pondichéry, avaient déjà envoyé des châles à Paris. Legoux de Flaix, qui avait pu apprécier la beauté du tissu cachemire, envoya un magnifique *djamevar* à une de ses parentes. Une année après, se trouvant à Paris dans le salon de sa belle cousine, il lui demanda si elle avait trouvé le *djamevar* de son goût. Le *djamevar?* fit la dame presque déconcertée.

« — Oui, cousine, le beau châle que je vous ai envoyé de Pondichery.

« — Ah ! oui, le châle… celte couverture bariolée…

« — Une couverture ! s'écria Legoux de Flaix presque « indigné… Savez-vous, ma cousine, que ce châle m'a « couté 1,200 roupies, c'est-à-dire 3,000 francs !

« — 3,000 francs ! répéta la jeune dame en ouvrant de grands yeux.

« — Qu'en avez-vous fait, cousine ?

« — Je m'en suis servie pour doubler un jupon.

« — Profanation ! s'exclama Leroux de Flaix. Depuis,

toutes les fois qu'il voyait sa cousine, il lui disait de sa plus grosse voix :

« On vous en donnera des châles de 1,200 roupies pour doubler vos jupons ! »

Pareille mésaventure arriva vers le même temps à M. Titsingh, gouverneur hollandais à Theinsora. Sa famille lui avait demandé quelques raretés du pays qu'il habitait. Il lui envoya deux châles de grand prix ; à la réception du ballot, on délibéra sur l'usage qu'on ferait du présent du gouverneur, et les dames, à la pluralité des voix, décidèrent qu'on s'en servirait pour couvrir des tables sur lesquelles on repassait le linge de la maison.

Une autre dame reçut de son mari, revenant du Caire, un superbe châle fond plein ; la mode n'était alors que sur le point de naître. Ignorant l'usage auquel cette étoffe pouvait être employée, elle l'étendit à terre et s'en fit un tapis de pieds. Mais, à quelque temps de là, ayant vu que des élégantes en portaient de semblables dans leur habillement, elle ramassa son tapis et le porta désormais sur ses épaules.

Les Aspasies du Directoire, qui avaient adopté les modes grecques et romaines, les robes démesurément décoltées et traînantes, éprouvèrent le besoin de cacher enfin ces nudités par trop compromettantes, et le châle remplaça pour elles le manteau des Athéniennes et des Romaines. Cette mode nouvelle prit comme une traînée de poudre, et en moins de six mois les châles firent fureur. Les marchands en achetèrent à tout prix en Turquie, en Pologne, en Russie, à Calcutta. Ils ne purent suffire à l'engouement général. On fit quelques essais pour imiter le riche tissu de l'Inde, et en 1801 les maisons Bellangé, Collin, Renouard, Lupin, fabriquèrent des écharpes brochées en deux ou trois couleurs, qu'on baptisa du nom de châles et qui étaient faites sur des métiers *à la tire*. Cette première tentative d'imitation était trop imparfaite pour répondre aux exigences de la fashion féminine : quelques négociants de Vienne, mieux avisés ou plus habiles, envoyèrent à Paris des châles imprimés à six ou sept couleurs sur un tissu de coton ; ils étaient frais et brillants, et obtinrent quelques succès.

L'exposition publique de 1806, au palais Bourbon, fit voir, entre autres objets de fabrication nouvelle en ce genre, un châle carré sur un mètre 75 centimètres, à bordure de 4 centimètres, orné d'une petite rosace au milieu brochée à peu de couleurs. Les maisons Lagorce, Bellangé, Bosquillon, Channebot, Hébert luttèrent avec une admirable émulation pour triompher des difficultés que présentait l'imitation des châles de l'Inde ; les ouvriers gaziers furent employés à la nouvelle fabrication, et en peu d'années nos principales villes eurent des manufactures de châles.

Quelques années plus tard, des négociants qui avaient entendu parler de la finesse et de la textilité d'une sorte de laine ou poil produit par des chèvres ou moutons des Tartares Kirhgis, envoyèrent des agents à Nijni-Novogorod, à Orenbourg, pour faire une ample provision de ce précieux duvet, qui donna naissance aux châles fabriqués en chaîne et trame pure matière de cachemire, qui furent nommés cachemires français.

Nos fabricants ne tardèrent pas à s'apercevoir que

leur industrie naissante ne pouvait réussir qu'à l'aide
de nouveaux sacrifices. Ils avaient en effet de redou-
tables rivaux dans la vallée de Cachemire, à Lahore,
à Loudhiana et autres grandes villes de l'Hindoustan.
Les Cachemiriens ayant appris par l'intermédiaire des
Anglais qu'on demandait beaucoup de *djamevars*, pour
l'Europe, en fabriquèrent une quantité beaucoup plus
considérable, et des marchands indiens inondèrent de
leurs produits les marchés de l'Égypte, de la Turquie
et surtout de la Russie. La foire de Macarieff, trans-
portée à Nijni-Novogorod, devint leur entrepôt général
dans le nord.

Aujourd'hui, les principales maisons de Paris qui
tiennent ces articles, ont établi des comptoirs dans
l'Inde, de sorte que les châles leur sont expédiés direc-
tement. Les autres maisons font leurs achats aux ventes
périodiques qui ont lieu à Londres.

Mais, à cette époque, les marchés s'y concluaient encore d'une façon toute particulière et qui prouve que
la simplicité apparente des mœurs, la rudesse des manières n'excluent chez les peuples primitifs ni la ruse
ni la finesse. Ainsi que le raconte (1) l'un des chirurgiens

(1) « Parmi les objets les plus précieux de l'Asie que l'on trouve à
« Macarieff, les châles cachemires tiennent, sans contredit, un des
« premiers rangs. Depuis plusieurs années, on les y apporte en gros
« ballots.

« La conclusion d'un marché de châles se fait toujours devant
« quelques témoins, suivant l'usage de ce lieu, qui exige cette for-
« malité pour les affaires considérables. Ayant été invité à servir de
« témoin, j'allai à la foire avec l'acheteur, les autres témoins et son
« courtier qui était arménien ; car c'est par l'entremise de ceux de
« cette nation que passe le commerce des objets précieux de l'Asie.
« Nous nous arrêtâmes devant une maison en pierres, sans toit, qui
« n'était pas encore achevée, et on nous fit entrer dans un espèce

de l'empereur de Russie Alexandre, sur la mise en

« de caveau. Quoiqu'il fût la demeure d'un Hindou millionnaire, il
« n'avait d'autres meubles que quatre-vingts malles élégantes placées
« les unes sur les autres le long des murs. Les parties les plus pré-
« cieuses de châles se vendent sans que l'acheteur les voie autrement
« que par-dessus : il ne les déploie ni ne les examine, et pourtant,
« il connaît chaque châle de la manière la plus détaillée et la plus
« minutieuse, par le moyen d'un catalogue raisonné que le cour-
« tier arménien fait venir de Cachemire avec beaucoup de difficul-
« tés, et qui, d'après la marque tissue dans les châles mêmes, indi-
« que, avec l'exactitude la plus scrupuleuse, les qualités et les
« défauts, les beautés et les imperfections de chacun, le nom du fa-
« bricant, celui du maître qui l'a fini, ses dimensions, la nature et
« le nombre des fleurs ou des palmes, la couleur, etc. Cette pièce
« officielle dans la poche, et quelquefois aussi, comme je l'ai vu
« avec admiration, dans la tête des marchands, une partie de
« châles se vend sans qu'on la voie. Les courtiers, à qui le catalogue
« a coûté beaucoup de peine et d'argent, le font naturellement payer
« très-cher. Suivant le prix de la partie de châles, on donne de deux
« cents à six cents roubles pour une seule copie de catalogue.
« L'acheteur entré avec ses témoins et ses courtiers, car il en a
« souvent deux, on s'assied. L'acheteur ne dit pas un mot, tout se
« fait par les courtiers, qui vont sans cesse de lui au vendeur, leur
« parlent à l'oreille, et chaque fois les conduisent dans le coin de la
« chambre le plus écarté. L'affaire se traite ainsi jusqu'à ce que le
« prix demandé se trouve assez réduit pour que la différence ne
« soit pas trop grande avec celui qui est offert, et que l'on ait l'espé-
« rance fondée de finir par s'accorder immédiatement. Comme les
« prétentions du vendeur sont très-hautes, cette différence est géné-
« ralement assez considérable. Alors, on apporte les châles, et les
« deux contractants commencent à se parler. Le vendeur étale sa
« marchandise et la prise beaucoup ; l'acheteur la regarde d'un œil
« de dédain, et confronte rapidement les marques et les numéros.
« Cette opération terminée, la scène s'anime. L'acheteur fait une
« offre directe, le vendeur se lève et s'en va. Les courtiers le suivent
« en criant, le ramènent avec violence; on se pousse, on se repousse,
« on se tire mutuellement de côté et d'autre. C'est un tapage, une
« confusion dont il est difficile de se faire une idée. Le pauvre Hin-
« dou joue le rôle le plus passif; il est en quelque sorte maltraité.
« Quand ce train a duré un certain temps, et qu'on croit avoir per-
« suadé l'Hindou, l'on procède au troisième acte, qui consiste à frap-

scène, les péripéties et le dénouement d'une vente consi-

« per dans la main, et qui se passe de la manière la plus grotesque.
« Les courtiers s'emparent du vendeur et cherchent par force à lui
« mettre la main dans celle de l'acheteur, qui la tient ouverte et
« répète son offre avec de grands cris. L'Hindou se défend : il fait ré-
« sistance, se dégage, enveloppe sa main dans les larges manches
« de sa robe, et répète d'une voix lamentable son premier prix. Cette
« comédie dure longtemps. On se sépare, on fait une pause comme
« pour prendre des forces pour un nouveau combat : le bruit, les
« chocs recommencent ; enfin, les deux courtiers s'emparent de la
« main du vendeur, et, malgré ses efforts et ses cris, la lui font mettre
« dans celle de l'acheteur.

« Le plus grand calme règne tout à coup. L'Hindou est prêt à
« pleurer, il se plaint tout bas de s'être trop pressé. Les courtiers
« félicitent l'acheteur. On s'asseoit pour procéder à la cérémonie
« finale, à la livraison de la marchandise. Tout ce qui s'est passé
« n'est qu'une comédie. Elle est indispensable cependant, parce
« que l'Hindou veut absolument avoir l'air d'avoir été séduit et dupé.
« S'il n'a pas été assez ballotté et secoué, s'il n'a pas eu son collet
« déchiré, s'il n'a pas reçu un certain nombre de coups dans
« les côtes et à la tête, si son bras droit n'est pas bleu d'avoir
« été serré pour frapper dans la main de l'acheteur, il se repent de
« son marché jusqu'à la foire prochaine, et alors il est très-dif-
« ficile de lui faire entendre raison. Ainsi les titres de recomman-
« dation pour un bon courtier, sont de savoir tenir son omme trois
« heures de temps, et de le tourmenter jusqu'à le mettre hors d'ha-
« leine pour le faire consentir à ce qu'il veut. Au reste, le premier
« prix demandé éprouve une forte réduction. Dans le marché au-
« quel j'assistai comme témoin, l'Hindou avait demandé 230,000 rou-
« bles et se rabattit à 180,000. Encore, sur cette somme, paya-t-il deux
« pour cent au courtier.

« Alors, vendeur, acheteur, courtiers, interprète, témoins, nous
« nous assîmes les jambes croisées sur un beau tapis à larges fran-
« ges, étendu exprès. On commença par apporter des glaces dans
« de jolies petites jattes de porcelaine de la Chine ; au lieu de cuiller
« nous nous servîmes de petites spatules de nacre fixées à un man-
« che d'argent par un bouton en rubis, en émeraude, en turquoise
« ou autres pierres précieuses. Quand nous eûmes pris ces rafraîchis-
« sements, la livraison s'effectua.

« Pendant qu'un courtier et l'interprète instruisaient du marché,
« un Hindou apporta de nouveau les ballots, les ouvrit, et présenta

dérable de châles à laquelle il prit part comme
témoin.

CHAPITRE X

Rapport des syndics-experts de Lahore.

Voici maintenant la traduction d'un rapport des

« chaque châle l'un après l'autre. Quand les marques eurent été
« vérifiées une seconde fois, et que tout eut été trouvé en ordre,
« commencèrent de nouveaux débats sur le terme de payement, et
« lorsqu'enfin tout fut arrangé, l'assemblée se mit à genoux et fit la
« prière. Je suivis l'exemple des autres, et je ne pus m'empêcher
« d'être frappé de la diversité des croyances des hommes qui se trou-
« vaient réunis en ce lieu pour prier ; c'étaient des Hindous, adora-
« teur de Brahma et de nombreuses idoles ; des Tartares, qui s'en
« rapportent pour leur destin à la volonté d'Allah et de Mahomet,
« son prophète ; deux Parsis, adorateurs du feu ; un officier kal-
« mouk, qui honorait dans le Dalaï-Lama, l'image vivante de la Di-
« vinité ; un Maure, qui vénérait je ne sais quel être inconnu ; en-
« fin un Arménien, un Géorgien et moi, luthérien, tous trois chrétiens,
« mais de trois communions différentes, exemple remarquable de
« tolérance !
    « Ma prière fut fervente et sincère ! J'élevai mon cœur à Dieu et
« le suppliai de daigner délivrer au plus tôt les femmes de l'Europe
« de leur goût pour cet objet de luxe damnable. La prière terminée,
« les châles furent délivrés à l'acheteur avec quelques cérémonies ;
« l'argent et les lettres de change furent remises au vendeur, les der-
« nières après avoir passé l'une après l'autre par les mains de tous
« les assistants. Alors parut un vase énorme en argent, semblable à
« nos grands pots à café. Il avait à peu près deux pieds de haut :
« il était enrichi de pierres précieuses et de perles. Une écuelle fut
« posée devant chacun de nous ; et le Maure, qui était une espèce de
« domestique, la remplit d'un breuvage renfermé dans le grand pot
« et composé d'un mélange d'eau, de sucre, de jus d'oranges douces,
« de toutes sortes d'épiceries et d'un peu de rhum. On se salua réci-
« proquement, et chacun vida son écuelle. Jamais je n'avais goûté
« de boisson plus agréable. Ensuite on se sépara, et chacun s'en alla
« de son côté. »

syndics-experts de la corporation des fabricants de châles de Cachemire, adressé à Mirza-Ahad, et envoyé à Paris par le général Allard, résident de France à Lahore :

« Un châle long (*dou-chalé*), à grandes palmes, à « larges bordures, de première qualité, et recherché « dans le commerce, peut s'établir sur le pied suivant :

« Une paire (*zawdj*) de châles longs, montée sur « 12 métiers, peut être confectionnée dans l'espace de « six à sept mois. Dans le corps d'une paire (*djoura*) de « châles longs, semblables l'un à l'autre par les dessins « et les couleurs, il y a vingt coutures ou rentrayures « (*peüvend*); les nœuds (*gurch*) de rattachement pour « le rentrayage des diverses pièces de rapport dont se « compose cette paire de châles sont alors coupés sur « l'endroit et l'envers du tissu.

« Le très-noble Mirza-Ahad demande maintenant « qu'on établisse un châle long unique (*ferdi dou-chali*), « c'est-à-dire sans pair, et non comme ceux dont il est « question dans le paragraphe ci-dessus, sur un seul « métier et sans aucune rentrayure dans le corps du « châle.

« C'est pour cet objet que les syndics-experts du corps « des fabricants de châles longs ont été convoqués ; et, « après s'être consultés, tout bien pesé et considéré, ils « déclarent que, si l'on établit un tel châle sur deux « métiers (ou dans deux ateliers), il faut que la chaîne « et les fils soient d'une qualité très-supérieure à ce « qu'on emploie dans la confection des châles ordi- « naires, marchandise de bazar (*mali bâzâri*), et que, « dans un tel ouvrage, les dessins et le mélange des

« couleurs soient en tout point d'une rare perfection.

« Dans ces conditions, un châle long, sans couture,
« exigerait un travail de trois années ; mais pendant
« cet intervalle, il y aurait à craindre, pour la chaîne,
« l'évent, l'altération des couleurs et la piqûre des vers,
« circonstance qui ne permettrait pas d'opérer le tis-
« sage.

« Le prix d'un châle de qualité marchande (*mali*
« *bâzâri*) fabriqué sur 12 métiers, et qui demanderait
« six à sept mois de travail, coûterait, selon la beauté
« de l'ouvrage, de 1,200 à 2,000 roupies, monnaie cou-
« rante de Cachemire, entre 2,400 francs et 4,000 francs
« à peu près.

« Tels sont les renseignements que nous pouvons
« soumettre à S. T. (Mirza-Ahad).

« Maintenant, d'un commun accord entre lesdits fa-
« bricants, il est convenu que, si des ordres supérieurs
« sont donnés, l'établissement des châles longs (*dou-*
« *chalé*), dans les meilleurs ateliers, se fera sur le pied
« suivant :

UN GRAND CHALE

1	2
A quatre grandes palmes (*Pel-lé*), sur quatre métiers (*Ichihas dukan*), avec la tête de la large bordure.	Le milieu avec la large bordure (*dawr*), les dentelures (*kenkouré*) et la petite bordure extérieure (*hachüé*).
Sur six métiers (*Seri dawr*).	Sur deux métiers (*Don dukan*).

« En un mot, dans le milieu d'un châle unique, c'est-
« à-dire sans pair (*châli férd*), il y a toujours deux cou-
« tures, et c'est l'affaire des rentrayeurs (*rufoughéran*),

« qui font ce travail d'assemblage avec une telle perfec-
« tion, qu'il est impossible de s'en apercevoir.

« Un carré à palme (*djâldâr*), fond uni (*sade*), à large
« bordure ou encadrement (*dawr*), s'établit sur quatre
« métiers, selon l'antique usage. D'après la demande
« de S. T., les fabricants de Rou-Mâl se sont engagés à
« établir un carré sur seul métier, et cela exigerait onze
« mois entiers de travail.

« Les syndics-experts de la corporation des fabri-
« cants de châles dans la province de Cachemire.

« Ici sont apposés neufs cachets de ces experts, en
« guise de signature, et au-dessous, il est écrit :

« Visé par le cheikk Djelaluddin-Monkim,

« Pour traduction fidèle à l'original, écrit en langue
« persane,

« *Le premier secrétaire, interprète du roi,*

« P. L. L. L. L. O. O.

« *Signé* : JOUANNIN. »

CHAPITRE XI

Causes du morcellement des châles de l'Inde. — Difficulté du travail et de ses défectuosités. — Causes de l'infirmité des ouvriers
hindous. — Nombre d'ouvriers occupés à ce travail.

Il résulte du document incontestable ci-dessus, que
les Indiens se trouvent dans l'impossibilité de faire un
seul châle long sans couture, parce que ce châle demanderait trois années de travail, et cette lenteur occa-

sionnerait des accidents dans la fabrication, qui rendraient le tissage complétement impraticable. De sorte que, pour parer à ce grave inconvénient, les fabricants indiens n'ont rien trouvé de mieux à faire que de morceler leurs tissus; c'est-à-dire qu'ils ont été dans la nécessité de fabriquer leurs châles longs par paire et de les monter sur douze métiers, afin d'avoir une paire de châles dans l'espace de six à sept mois; mais ces deux châles qui doivent être en tout point semblables, et par le dessin et par le coloris, ont le grave défaut d'avoir vingt coutures ou rentrayures qui, quoi qu'en disent les experts de Lahore, sont très-visibles à l'œil nu, à cause des plis ou godage que forme chaque morceau du châle à la jonction des coutures.

Or, il est évident, pour quiconque connaît l'art du tissage, que le travail des châles de l'Inde est encore à l'état d'enfance. Toutefois, si je me permets de dévoiler les imperfections qu'il y a dans le tissu, je n'ai nulle intention de, dénigrer ces châles que j'admire, non-seulement à cause de l'originalité des dessins et la riche harmonie du coloris, mais à cause de leur imitation qui a été une source féconde de prospérité pour nos manufactures, en ce qu'ils ont donné naissance à notre grande industrie châlière, l'une des plus belles dont s'honore la France. Seulement je prétends que le tissage et les moyens de fabrication exécutés par les Indiens sont excessivement défectueux et nullement en rapport avec la magnifique composition des dessins.

Ainsi, pour obvier à la longueur du travail, il est parfaitement constaté par tout ce qui précède, que les ouvriers sont obligés de tisser leurs châles par morceaux, de les couper dans tous les sens pour les réunir et les coudre ensuite selon les exigences et la combinaison de leurs dessins.

Il est bien constaté aussi que de nombreux ouvriers, *l'aiguille à la main*, sont occupés à rajuster ces morceaux et à réparer les défauts du tissu, qui sont aussi la conséquence du mauvais système de cette fabrication, en ce que les fils de la chaîne étant d'une faiblesse excessive, il en résulte une grande quantité de fils cassés qui font des trous dans le tissu (1), et ces trous se multiplient encore par la tension que la main de l'ouvrier exerce sur la trame pour crocheter les fils à brocher, soit à la droite, soit à la gauche de l'étoffe (2). Et comme le travail est dépourvu de toute combinaison pour recouvrir ces trous par une trame quelconque, on en est réduit à les boucher à l'aiguille. Il est bien vrai que l'on fait ces réparations en reprises perdue, ainsi que cela se pratique sur toute espèce d'étoffes déchirées par accident ou par l'usure ; mais il n'en est pas de même pour tous les morceaux qui ont été coupés de l'étoffe et dont les pièces rapportées ne sont pas toutes disposées pour être faites en reprises perdues. Il s'ensuit de là, je le répète, que le travail des châles de l'Inde est encore à l'état d'enfance ; et il serait difficile de soutenir le contraire en présence de tous les défauts que je viens de signaler, que l'on aperçoit du reste très-facilement sur ces produits, malgré les nombreuses réparations qu'on leur a déjà fait subir.

(1) Pl. 1, fig. 11.
(2) Pl. 1, fig. 11.

Or, ce n'est pas de cette manière que nos grands artistes comprenaient jadis l'art du tissage; car, dans la décomposition de plus de deux cents étoffes façonnées dont Paulet nous a donné la description avec tant de détail et d'exactitude, de même que celles qui nous ont été léguées par Galantier, Blache et tous les praticiens distingués qui ont élevé la fabrique lyonnaise à ce haut degré de perfection où elle se trouve placée dans le monde industriel, on ne trouverait certainement pas une seule étoffe contenant des fautes de tissage aussi capitales.

En conséquence, c'est en suivant les grands principes que nos devanciers ont fait valoir avec tant de succès, que l'on peut espérer de surpasser nos rivaux. Et aujourd'hui surtout que les anciens procédés de fabrication sont remplacés par des procédés mécaniques bien supérieurs à ceux dont on se servait alors, il serait bien plus facile d'obtenir des résultats parfaits; c'est-à-dire que, par la justesse et la précision d'un moyen mécanique, on éviterait non-seulement toutes les défectuosités que j'ai signalées comme provenant, soit des fils cassés, soit de l'irrégularité de la main de l'ouvrier, mais encore de la lenteur du travail de l'ouvrier indien, qui l'oblige de morceler le tissu, d'arrêter les coupures de tous les morceaux qu'il doit coudre, de manière que les châles seraient alors d'une seule pièce, quelles que fussent d'ailleurs la richesse et la hauteur du dessin.

C'est ainsi du moins que devraient être fabriqués des produits aussi riches et d'une aussi haute valeur, et je suis convaincu qu'en rectifiant les imperfections du tissage indien, on parviendrait facilement à simplifier les moyens d'action d'un mécanisme approprié à ce tissage, le seul vraiment digne de l'art auquel il appartient.

Mais un autre inconvénient qui doit inspirer la commisération de tous les amis de l'humanité, c'est que le travail déjà si défectueux pour l'étoffe occasionne des maladies funestes à la nombreuse population ouvrière chargée de cette fabrication.

Ainsi les malheureux *chasbatas*, comme on les appelle, assis devant leurs métiers, sont obligés d'avoir en hiver une chaufferette sous leurs pieds, n'ayant d'autre exercice toute la journée que de compter les fils excessivement fins de la chaîne, un à un, pour brocher les couleurs qui forment le dessin; et ces fils, au nombre de 2,200 pour chaque ouvrier, sont tellement fins et rapprochés les uns des autres, qu'en très-peu de temps, leur vue décline sensiblement, tant à cause de la finesse de ces fils, qu'à cause des milliers de fuseaux de toutes couleurs entassés les uns sur les autres (1), qu'il faut constamment débrouiller pour opérer les changements de ceux qui quittent et de ceux qui prennent, selon que l'indique le dessin.

C'est à ces causes, sans doute, que M. Jacquemont fait allusion, en disant que les *chasbatas* ne font jamais apprendre cet état à leurs enfants, parce que, avant cinquante ans, ils sont tous infirmes ou aveugles.

Or, les demandes de ces châles pour l'Europe, ayant plus que doublé depuis l'année 1831, il est évident dès

____

(1) V. pl. 1, fig. 5 et 6.

4

lors que les neuf mille métiers qu'il annonçait travaillant dans la seule province de Cachemire se seront élevés à près de vingt mille, ce qui, à trois ouvriers par métiers, forme un total de soixante mille ouvriers ; et si à ce nombre on ajoute les colonies d'ouvriers cachemiriens qui ont transporté leur industrie à Amitrsir, Loudhiana, Nourpour et jusqu'à Ismalabad, pour augmenter cette fabrication, on trouvera une population de quatre-vingt mille tisserands au moins, qui exercent une industrie extrêmement fatale à leur existence.

Il est évident, dès lors, que si M. Rehman, témoin oculaire de cette vente de châles dont il nous a exposé l'historique avec tant de détail et de clarté, il est évident, dis-je, que si ce témoin, tout émotionné de ce qu'il avait vu à cette vente, avait eu connaissance des accidents qui atteignaient une population de quatre-vingt mille tisserands, que le travail des châles rendait valétudinaires à l'âge où l'homme jouit ordinairement de toute la plénitude de ses facultés, il n'est pas douteux que son noble cœur en eût été d'autant plus affecté et sa prière d'autant plus fervente, pour que nos dames d'Europe renonçassent au plus tôt à leur goût pour ces châles dont la fabrication impose tant de misères à l'humanité.

En disant que le tissage des châles occupait dans l'Inde quatre-vingt mille ouvriers dans la force de l'âge, et en mettant de côté trente mille femmes ou enfants des deux sexes et de tout âge, occupés à la teinture, filature, devidage, retordage et tout ce qui constitue une fabrication de cette importance, je crois avoir indiqué un chiffre bien inférieur à la vérité ; car, en prenant pour base de mon appréciation le rapport de M. Jacquemont, corroboré par celui des syndics-experts de Lahore, on peut évaluer le nombre d'ouvriers employés au tissage de ces châles à plus du double.

Ainsi, prenant le travail de 6 à 7 mois sur 12 métiers, tel qu'il est énoncé dans le rapport ; ce qui, à 3 ouvriers par métier, me donne 36 ouvriers, et si l'on ajoute 4 ouvriers seulement à ce chiffre de 36, afin de ré—duire ce travail exactement à 6 mois ; de cette manière, une paire de châles peut être fabriquée complétement en 6 mois, ce qui produit alors quatre châles longs par an et par 40 ouvriers.

Or, 2,000 fois 40 ouvriers donnent 80,000 ouvriers.

Et 2,000 fois 4 châles par an produisent une fabrication de 8,000 châles.

Il est donc impossible que 8 mille châles, qui suffisent à peine à la consommation actuelle de la France, puissent alimenter toute l'Europe, l'Égypte, la Perse et les immenses provinces de l'Hindoustan, qui étaient le débouché ordinaire de ces produits, bien avant que la mode en fût importée en Europe.

D'un autre côté, une fabrication de 8 mille châles eût été insuffisante pour permettre à Rendjet-Sing de prélever en 1831 un impôt de 12 haks de roupies (trois millions de francs), ainsi que le constate le rapport de M. Jacquemont.

Dans cet état de choses, il est évident qu'il n'y a pas seulement 80 mille tisserands, mais plus de cent cinquante mille, occupés à la fabrication des châles, et il faut toute la patience et la ténacité des Indiens à leurs anciens usages, pour avoir, depuis l'enfance du monde jusqu'à nos jours, conservé un tissage aussi imparfait et aussi nuisible à l'existence des malheureux *chasbatas*.

CHAPITRE XII

De l'avantage de fabriquer mécaniquement les châles de l'Inde en France. — De leur imitation spéciale. — De la supériorité de nos procédés pour cette fabrication, de l'aveu même d'un prince hindou.

Il paraît démontré par ce qui précède, que, vu l'état actuel des connaissances industrielles, il serait possible et extrêmement avantageux de fabriquer mécaniquement ces châles en France, sans nuire à la santé des ouvriers, sans morceler le tissu et en accélérant le travail de manière à pouvoir livrer ces produits à la consommation à un prix moins élevé que ceux qui nous arrivent de l'Inde, tout en modifiant le tissage de manière à le rendre parfait. Toutefois, je dois le dire, ce tissage fut décomposé et exécuté dès l'introduction de ces produits en France, alors même que l'on ignorait complétement la fabrication mystérieuse de cette industrie si recherchée par nos dames, tant à cause de l'étrangeté de la matière, que par l'originalité de ses dessins et l'harmonie de ses couleurs. Plusieurs fabricants en avaient même fait une fabrication spéciale, ainsi qu'il est constaté par les récompenses qui furent décernées aux expositions de 1819, 1823 et 1827, à MM. Bauzon, Gérard et à Isot et Eck. M. Bellangé fut l'un des premiers à produire un châle qui est conservé dans sa famille avec un soin religieux ; déjà, en 1816, il était parvenu à exécuter l'imitation de ce travail parfaitement semblable à ceux de l'Inde.

L'honorable M. Ternaux, dont le nom se rattache aux découvertes les plus utiles à l'industrie, et qui, hors de concours en 1819, comme membre du jury, avait exposé deux châles longs fabriqués par le travail de l'Inde.

Enfin, en 1851, à l'exposition universelle de Londres, un châle français, travail de l'Inde, fut mis sous les yeux des présidents du jury de toutes les sections réunies, qui déclarèrent que ce châle était fait « préci-« sément d'après le même modèle que ceux de Cache-« mire et distingué par un tissu et dessin d'un caractère « particulier aux châles indiens et mélangés des fleurs « naturelles variées dans tous les tons, et parfait sous « tous les rapports. » Ce châle, auquel on adjoignit le mélange des couleurs pour les ombrés des fleurs naturelles dont il était orné, me valut la grande médaille (*concil médal*) dont le jury anglais était extrêmement parcimonieux.

Ce châle avait été fabriqué sur deux métiers seulement et non sur douze métiers, comme le font les Indiens ; il n'y avait par conséquent qu'une seule couture dans le milieu du châle, et à l'époque où on le fabriquait, un prince hindou, gouverneur du Penjâb sous le gouvernement anglais, venant visiter l'industrie européenne, vint à Corbeil avec plusieurs Indiens de sa suite : de sorte qu'après avoir examiné le métier et les moyens de fabrication, il s'éleva entre eux une discussion assez vive que je voulus connaître et que l'interprète m'expliqua à peu près en ces termes : « Les

« uns soutiennent qu'on ne parviendrait jamais à faire
« changer la manière de travailler des ouvriers indiens !
« Les autres ajoutent que la quantité de couleurs que
« nécessitent les nuances des fleurs naturelles ren-
« draient le tissage impraticable, parce qu'ils n'em-
« ploient jamais qu'un petit nombre de couleurs fran-
« ches et tranchantes, et ces couleurs ont des signes
« particuliers auxquels ils sont habitués : de sorte qu'un
« plus grand nombre le rendrait impraticable, et ne
« pourrait même pas tenir sur la place qu'ils occupent
« devant leur métier (1). »

Or, ce dire se trouve en quelque sorte confirmé par
M. Jacquemont, quand il dit d'une part, « que le mé-
« tier devant lequel trois tisserands sont assis est chargé
« quelquefois de trois mille fuseaux pour la broderie. »
Ce qui fait supposer que le nombre est déjà trop grand.
Et d'autre part, il dit aussi « que le dessin est peint
« sur le papier, et qu'un ouvrier expert le traduit dans
« la langue des fuseaux et par des signes qui ne laissent
« pas de ressembler à des hiéroglyphes. » De sorte
que ces signes hiéroglyphiques seraient impraticables,
s'il fallait indiquer chaque nuance des fleurs naturelles
du clair au brun; tandis que nos procédés de lisage
nous donnent toute facilité pour suivre et indiquer ces
objets.

Il s'en suit donc, de tout ce qui précède, que la
question industrielle se trouve résolue en notre faveur,
puisque nous avons des preuves matérielles que nos
procédés de tissages sont bien supérieurs à ceux dont

(1) V. pl. 1, fig. b de E à E.

se servent les Indiens. D'abord, en ce que nous avons fabriqué des châles longs d'après leur système, sur deux métiers seulement au lieu de douze qu'ils sont obligés d'employer ; ensuite, à cause des moyens qui nous permettent d'employer tous les tons de couleurs variées que nous présente la nature, tandis qu'ils ne peuvent se servir que des couleurs principales sans demi-teintes.

Et ces preuves sont aussi incontestables que le rapport de Victor Jacquemont et celui des syndics-experts de Lahore, puisqu'ils sont tous puisés sur les rapports qui ont été faits à toutes les expositions qui se sont succédé depuis 1819, jusqu'à celle de Londres 1851.

Reste maintenant la question économique qui est encore à résoudre, et c'est ici le point capital que je vais tâcher d'éclaircir autant qu'il me sera possible ; heureux si je puis être compris des hommes pratiques que possède notre belle patrie.

Mais, avant d'entrer dans le cœur de la question, j'éprouve le besoin de prévenir ceux qui voudront bien se donner la peine de lire cette notice, que mon intention n'est point de blesser personne, mais de faire connaître, dans l'intérêt de l'art et de la vérité, les erreurs qui ont été commises, et de démontrer les obstacles qui se sont opposés jusqu'à ce jour au succès de la question économique, et amené le découragement parmi les artistes qui, livrés à leurs *propres ressources*, ont lutté avec tant de courage et de persévérance contre des difficultés puissantes, mais que je ne crois pas insolubles.

CHAPITRE XIII

Paris privé d'école de fabrication. — Demande de rétablir l'atelier du Conservatoire. — Refus du Ministre. — Artistes arrêtés dans leurs recherches. — Progrès des Anglais dans l'art industriel. — Nécessité d'ajouter les nouveaux éléments dans nos écoles de fabrication.

Quoique Paris soit à la tête de la fabrication de tous les genres de tissus, il ne possède ni une seule école de tissage, ni un seul enseignement pour la mise en carte des dessins de fabrique; et si ce n'était les artistes distingués qui y affluent de toute part, je ne sais trop comment on pourrait former des élèves pour soutenir cette prééminence que la France possède à un si haut degré parmi toutes les nations industrielles.

Toutefois quelques-uns de ces artistes, ordinairement peu fortunés, poussés par le désir de soutenir cette prépondérance nationale, vinrent me prier de faire une demande au ministre du commerce, pour qu'il voulût bien les faire jouir des avantages que Jacquart avait trouvés au Conservatoire des Arts et Métiers, en rétablissant l'atelier que l'on avait supprimé.

En conséquence, j'exposai à M. le Ministre qu'il y avait, au Conservatoire des Arts et Métiers, des matériaux précieux à consulter en machines de tous les genres, dont le nombre augmentait tous les jours; qu'il y avait un enseignement oral très-remarquable, fait par des professeurs du plus haut mérite, et pour les inventeurs, tous les moyens convenables pour essayer leurs machines : mais qu'il manquait encore à cet établissement l'atelier de construction que l'on avait supprimé depuis longues années, et qui était cependant indispensable, afin de pouvoir perfectionner nos moyens mécaniques et créer ceux que les besoins ou la pratique pourraient nous faire découvrir.

Et pour ne citer qu'un fait à l'appui de ma demande et donner à M. le Ministre la mesure de l'immense avantage qui pourrait résulter pour notre population ouvrière de cette création d'atelier, je lui disais que, parmi les machines qui, en 1795, furent transférées de l'hôtel Vaucanson dans les bâtiments de l'ancienne abbaye des Champs, et dont le nombre était alors très-restreint, le génie de Jacquart parvint à découvrir, sur un métier de Vaucanson, la source de cet admirable mécanisme qui a fait le tour du monde, et dont le nombre s'élève aujourd'hui en France à plus de cent mille : et ce mécanisme a obtenu une telle faveur, qu'il n'y a pas un petit coin de terre en Europe où il se fabrique des tissus façonnés, qui n'ait son métier à la Jacquart. Et ce qu'il y a de glorieux pour la France, c'est que ce mécanisme fut exécuté par un simple ouvrier, aux frais et dans les ateliers de l'État : de sorte qu'aujourd'hui, que l'on a reconnu l'utilité de réunir dans ce musée industriel du Conservatoire les machines les plus remarquables du génie français et même de toutes les nations, il était de toute nécessité de le compléter par l'adjonction de cet atelier précieux, afin que nos artistes, qui n'ont pas plus que Jacquart les moyens de rien créer à leurs frais, puissent y venir exécuter ou faire exécuter gratuitement les objets que leur génie ou la pratique de l'art qu'ils exercent peuvent leur faire découvrir.

Et ce ne serait pas seulement la grande industrie du tissage qui profiterait de cette adjonction; ce seraient toutes les industries réunies dans un centre commun qui viendraient puiser, dans ce magnifique musée, le germe de toutes les améliorations dont elles auraient besoin afin de maintenir l'industrie française à la hauteur qu'elle occupe dans le monde.

Malheureusement ma demande, quoique appuyée par quelques chefs d'ateliers de la fabrique de châles de Paris, aura été considérée comme un fait isolé ou n'aura pas été comprise; de sorte que je reçus une réponse de M. le Ministre qui m'exprimait le regret de ne pouvoir accueillir le vœu dont je m'étais rendu l'interprète, en disant :

« Qu'il était à sa connaissance que des tentatives « avaient été faites et se font encore aujourd'hui, pour « obtenir, par des procédés mécaniques perfectionnés, « la réduction du prix de la fabrication à l'instar de « ceux de l'Inde.

« Des progrès notables semblent même avoir été réa-« lisés, et c'est seulement en persévérant dans cette voie, « *avec ses propres ressources* et son génie pratique, que « l'industrie peut arriver à des résultats favorables. »

Il est fâcheux, très-fâcheux que M. le Ministre n'ait pas été renseigné par des hommes pratiques. Il est bien vrai que des progrès notables ont été faits, que l'on a même exposé, dans une ville de province, un métier à l'aide duquel, disait-on, « la solution du problème de l'imitation des châles de l'Inde, depuis longtemps cher-chée, se trouvait réalisée. » Il est vrai aussi *que des tentatives se font encore aujourd'hui*. Mais M. le Ministre, mieux renseigné, aurait pu apprendre aussi que ces nouveaux essais, par leur imperfection, laissaient encore tout à refaire. Il aurait appris en plus, que l'un des inventeurs y avait dévoré tout ce qu'il avait gagné par son travail et se trouvait réduit à la voie des emprunts pour continuer ses recherches.

Il aurait encore appris :

Que deux autres inventeurs, s'étant associés, y avaient sacrifié toutes leurs économies et avaient été obligés de s'arrêter, afin de pourvoir à leur subsistance et à celle de leur famille, espérant toujours des encouragements d'après les résultats obtenus.

Qu'un troisième avait tenté de faire mouvoir ses espoulins avec plus de facilité sur une chaîne placée verticalement, sans plus de succès.

Qu'un quatrième avait essayé de crocheter chaque couleur au moyen d'un rouage à crochet.

Qu'un cinquième avait imaginé une main à ressort avec deux cents doigts.

Qu'un sixième avait bien trouvé le moyen de crocheter les couleurs à brocher, mais avec des moyens trop lents pour opérer les changements qui sont indispensables.

. Et enfin qu'un septième était bien parvenu à varier les couleurs avec facilité, mais sans pouvoir crocheter une seule couleur, étant obligé même d'en découper quelques-unes.

De sorte que chacun de tous ces ouvriers ou contremaîtres, qui, dans cet ensemble d'essais différents, pensaient sans doute parvenir au résultat désiré, furent arrêtés faute de ressources pour continuer leurs recherches et découragés par l'abandon où ils se trouvèrent réduits.

En conséquence, il est évident que si M. le Ministre
n'avait pas été circonvenu par des renseignements erronés, que s'il eût pu connaître l'impuissance des tentatives qui avaient été faites, ainsi que la position de ces
intéressants ouvriers, il aurait adhéré, non-seulement
au rétablissement de l'atelier que j'avais demandé pour
eux, mais il aurait accordé aux plus méritants quelques
gratifications prises sur les fonds destinés aux encouragements des arts industriels, afin de les engager à
poursuivre leurs recherches ; et M. le Ministre ne doit
pas ignorer que pendant qu'on lésine en France sur le
rétablissement d'un atelier qui a été supprimé, et qu'on
laisse nos artistes d'élite livrés à *leurs propres ressources*, nos puissants rivaux d'outre-Manche donnent
un développement prodigieux à l'étude de l'art industriel ; car, d'après un travail récemment publié par
M. H. de Triqueti dans la *Revue nouvelle*, les écoles des
arts industriels avaient eu en Angleterre 30 mille élèves, en 1855, et plus de 80 mille en 1859 ; progrès merveilleux obtenus à bien peu de frais, puisque la subvention de l'État ne s'élève pas en tout à plus de 140 mille
francs.

Les Anglais mettent une telle importance à cet enseignement, qu'ils ont réuni une collection bien choisie
d'objets usuels et mobiliers de toutes les époques et de
tous les pays, s'appliquant à l'industrie qu'ils font transporter par fraction de ville en ville, d'école en école,
pour fertiliser l'imagination des jeunes industriels tels
que ébénistes, serruriers, des fabricants d'étoffes, etc.

En conséquence, le seul moyen de résister à tous les efforts que font nos rivaux pour nous écraser, c'est de préparer à l'industrie une pépinière de sujets capables, en procurant à nos écoles de théorie tous les éléments dont elles ont besoin dans l'état actuel des connaissances industrielles, et d'encourager nos artistes par des avances ou des gratifications méritées.

Et comme nos écoles de fabrication ont été instituées à une époque où l'enseignement se bornait à produire de nouvelles étoffes, et non à créer de nouvelles machines, il en résulte qu'aujourd'hui la Jacquart ayant introduit de nouveaux moyens dans la fabrication, le mécanisme est devenu l'âme de toute espèce de tissage ; c'est par lui que l'on améliore et simplifie le travail de l'ouvrier, et comme l'on ne peut confectionner actuellement un tissu façonné sans mécanisme, il est de toute nécessité d'introduire cet élément nouveau dans nos écoles, si l'on veut faire de bons élèves et avoir des sujets capables de devenir d'excellents contre-maîtres si utiles dans toutes les professions. Or, un atelier de construction est indispensable à ces écoles, car un bon élève doit non-seulement connaître toutes les pièces du métier qui sert à la fabrication, il doit savoir les remplacer, les forger et les perfectionner au besoin ; il doit savoir aussi faire le plan de toutes ces pièces et celles qui peuvent lui paraître néccessaires, et pouvoir enfin se rendre compte de tous les objets qu'il emploie pour simplifier et faciliter son travail.

CHAPITRE XIV

Insuffisance de la Jacquart. — Résultat d'une erreur. — Recherche d'un casier à espoulins. — D'un indicateur. — Du passage des espoulins. — Conclusion.

Il est évident, pour quiconque connaît parfaitement nos moyens mécaniques, que tout est à créer pour le travail de l'espoulinage, et la Jacquart, tout en ayant fait faire un pas immense dans la fabrication des tissus façonnés, n'a obtenu que la moitié des résultats qu'elle devrait produire ; de manière que tant que l'on n'aura pas ajouté à ce mécanisme un procédé qui vienne prendre et crocheter les fils à brocher, d'un seul coup, et à tous les endroits où ce mécanisme fait lever les fils de la chaîne, on pourra dire avec juste raison, que la Jacquart n'a fait que la moitié de ce qu'il y avait à faire : de sorte que nos mécaniciens, nos contre-maîtres, nos professeurs et nos élèves auront encore bien des recherches à faire pour compléter l'art du tissage. Il est donc urgent de régulariser ce qui manque dans nos écoles, afin de conserver notre avantage sur nos rivaux.

Toutefois, il est bien vrai que, depuis quelques années, on s'est occupé d'un espoulinage mécanique ; mais, malheureusement, ceux qui s'en sont occupés semblent avoir pris à la lettre ce que l'on dit généralement et ce qui a été publié aussi dans le rapport du Jury de 1839, c'est-à-dire « qu'il n'y avait pas d'avenir à es- « pérer chez nous pour le châle espouliné qu'autant « qu'on parviendrait, à l'aide de la mécanique, à simpli-

« lier le travail, et par exemple, à passer plusieurs es-
« poulins à la fois (1). »

Cette allégation a bien pu faire supposer aussi qu'il suffirait d'obtenir un mécanisme qui permît de passer une certaine quantité d'espoulins à la fois pour préparer cet avenir ; de sorte que, sans réfléchir aux innombrables changements de couleurs et au crochetage de ces couleurs, qui sont la conséquence du travail, on a passé outre, et aujourd'hui que le passage des espoulins est en quelque sorte réalisé, on peut s'apercevoir qu'il n'y a qu'une seule partie de trouvée, c'est-à-dire celle du passage des espoulins ; quant au crochetage et aux changements des couleurs, tout est à faire pourcompléter le travail de l'espoulinage indien. Car, d'après l'aveu même des inventeurs, c'est bien le travail de l'Inde qu'on a voulu faire mécaniquement, puisqu'on l'a publié hautement et qu'on n'a pas craint d'en proclamer la réussite dans une exposition publique.

En conséquence, dans l'intérêt de l'art et de la vérité, je vais essayer de démontrer que tout ce qui a été dit et fait en ce sens, n'est pas exact; et, quel que soit le mérite des innovations qui ont été faites, ces innovations sont tellement incomplètes, qu'elles sont loin d'atteindre le résultat que l'on a bien voulu leur attribuer, c'est-à-dire la copie exacte du travail indien.

Et afin de lever tous les doutes à cet égard, et de prouver d'une manière incontestable l'opinion que je me permets d'émettre à ce sujet, j'ai levé un fragment de

(1) Rapport du Jury central, exposition de 1839, vol. 1, fol. 136.

dessin que j'ai pris au hasard sur un châle des Indes, que j'ai représenté tout préparé pour être lu et reproduit en travail indien (1). J'ai agrandi ensuite ce même dessin (2), afin de pouvoir expliquer le plus clairement possible aux artistes qui se sont occupés de ce travail, ainsi qu'à ceux qui voudront bien s'en occuper encore, la nécessité de pouvoir faire les nombreux changements des couleurs avec la plus parfaite exactitude et la plus grande célérité, par la raison, qu'ayant dans un dessin de cette réduction 180 changements d'espoulins à chaque course, il est de toute nécessité que ces changements soient faits mécaniquement et aussi promptement que le passage des espoulins ; car s'il fallait prendre les espoulins un à un avec la main, et les placer dans le casier du crochetage à 180 endroits différents, il y aurait non-seulement une perte de temps considérable, mais un travail préparatoire très-compliqué qui en rendrait l'exécution, si non impossible, du moins très-difficile ; car ces changements ont lieu à droite, à gauche, au centre, et de tous les côtés à la fois. Ici, c'est le rouge qui prend ; à côté, c'est le vert ; plus loin, c'est le jaune qui quitte et qu'il faut remplacer par du bleu ; tout à côté, c'est une autre couleur qui cesse et doit être remplacée par le fond ; c'est enfin un chaos inextricable qu'il est impossible d'organiser autrement que par un lisage et un mécanisme spécial, indépendant de celui du dessin que l'on veut reproduire, ainsi qu'on peut le remarquer par les chiffres qui sont

(1) V. fig. 1.
(2) V. fig. 2.

indiqués dans le dessin de la figure 2 , planche 1.

Quant au mode de crochetage des fils à brocher et de leur combinaison simultanée avec les changements de couleurs, j'ai reproduit le travail des fils à brocher, sans effet de chaîne (1), afin de démontrer aussi claire- ment que possible les nécessités de ce crochetage qui se fait à chaque duite, de droite à gauche et de gauche à droite (2), de manière que si le fil à brocher n'est pas à sa place, ou qu'il soit cassé, le tissu se trouve séparé et à jour (3) et forme trou dans le tissu.

Le même résultat se reproduit inévitablement si les changements de couleurs n'ont pas été faits à leur place respective ; car, en ce cas, le dessin disparaît (4) et le trou est beaucoup plus grand, selon la largeur de la cou- leur qui manque de travailler ; mais si elle n'a pas été changée (5), l'ancienne couleur continue de paraître, à la place de celle qui aurait dû être changée, et alors il y a une faute grave dans la reproduction du dessin. De toute manière, les changements des couleurs et le cro- chetage de ces couleurs doivent être faits d'ensemble et avec la plus rigoureuse exactitude ; de sorte que celui qui aura obtenu un mécanisme propre à passer un grand nombre d'espoulins à la fois, sans y avoir réuni celui du changement et du crochetage des couleurs, viendra se briser inévitablement devant ce dernier obstacle.

Combien donc sera grande la surveillance d'un mé-

(1) V. fig. 3, pl. 1.
(2) V. fig. 5 et 6, id.
(3) V. fig. 8, KK, id.
(4) V. fig. 4, de D à D, id.
(5) V. fig. 7, LL, id.

canisme qui exige, d'une part, et en moyenne seulement, 180 changements d'espoulins à brocher qui ont lieu de tous les côtés à la fois ; et, d'autre part, une moyenne de 774 espoulins à crocheter, dont le nombre varie depuis 266 jusqu'à 1,330 (1). Ajoutez à cela l'espoulinage des cœurs qui sortent à travers des brides flottantes à l'envers du tissu, et pour lequel il faut un lisage et un espoulinage spécial à chaque course (2). Il résulte de tout ceci que cette surveillance ne pourra être compensée que par un mécanisme expéditif bien compris et parfaitement exécuté.

Car, avant de crocheter les couleurs, il faut pourvoir aux changements de ces couleurs, si l'on veut varier les dessins et ne pas avoir toujours les mêmes couleurs à brocher (3). Or, il faut avoir préalablement un indicateur ou un procédé quelconque, qui vienne à chaque course et sur toute la ligne indiquer, par un lisage spécial, la place dont la couleur quitte et doit être remplacée par sa voisine ou par une autre couleur qui prend. Or, cet indicateur est non-seulement indispensable, mais son travail préparatoire représente tout le nué du dessin, c'est-à-dire la place de toutes les couleurs, et il n'y a pas de crochetage ni de reproduction de dessin possible, si toutes les couleurs ne sont pas changées à leurs places respectives, avant de faire passer les espoulins sous la chaîne.

En conséquence, il est indispensable d'obtenir :

1° Un casier disposé à recevoir les espoulins qui doi-

(1) Fig. 3, pl. 2 D et D.
(2) Fig. 9 et 10.
(3) Fig. 7.

vent opérer le crochetage des couleurs, et construit de manière à repousser ou recevoir avec facilité les espoulins qui doivent travailler ;

2° Un indicateur qui puisse repousser ou remettre mécaniquement les espoulins à leur place respective, dans le casier du crochetage ;

3° Le moyen de crocheter mécaniquement les susdits espoulins et de les passer sous la chaîne pour opérer le tissage ;

4° Un espoulinage spécial sans crochetage, pour brocher le cœur des objets qui sont renfermés sous les fleurs qui font des brides flottantes à l'envers du tissu.

Sans ces quatre opérations faites d'ensemble et par avance à chaque course, il ne peut y avoir de véritable travail ni de véritable tissu indien. Toute la question est dans ces quatre opérations, ou, pour mieux dire, dans ces quatre procédés différents, qu'il s'agit de réunir de manière à ne former qu'un seul mécanisme.

Ainsi, indépendamment du lisage qui sert, au moyen de la Jacquart, à reproduire le dessin sur l'étoffe, il est bien entendu qu'il faut un second lisage pour indiquer les changements qui ont lieu à chaque course (1), et un troisième lisage qui fasse lever tous les cœurs qui sortent à travers les brides qui doivent flotter à l'envers de l'étoffe, et dont le crochetage se fait tout naturellement en passant sur les brides (2).

Et, je le répète, le casier qui doit contenir les espoulins, doit être construit de manière à ce que l'indica-

(1) Pl. 2, fig. 1.
(2) Pl. 2, fig. 3.

teur puisse ramener ou faire rétrograder les espoulins avec facilité ; ou bien que cet indicateur puisse, 1° les prendre dans le casier ; 2° choisir les couleurs qui doivent travailler ; 3° les crocheter avec leurs voisines ; 4° les passer successivement sous la chaîne.

En conséquence, il est évident et de toute nécessité que l'indicateur, le casier, le passage et le crochetage des couleurs, et l'espoulinage des cœurs soient construits et coordonnés dans un ensemble parfait, au moyen de trois lisages spéciaux qui doivent être appliqués à chacun de ces moyens mécaniques.

Il est certain que cet ensemble est complexe, mais il n'est pas insoluble dans l'état actuel des connaissances industrielles. Toutefois, il est d'une telle importance pour un grand nombre d'industries, que le gouvernement devrait en prendre l'initiative, comme il l'a fait dans tous les temps depuis le règne de François 1er; voire même dans les années calamiteuses de 1793 et 94, pendant lesquelles le Comité de salut public alloua une somme de onze mille francs à l'ouvrier Rhumbold, qui, après avoir travaillé pendant plusieurs années à Nottingham, rapporta en France les procédés de fabrication des magnifiques métiers à tulle.

Nous avons vu aussi que Jacquart construisit sa machine en 1795, au Conservatoire des Arts et Métiers, dans les ateliers et aux frais de l'État.

Et enfin, de nos jours, c'est-à-dire en 1810, nous avons vu le chef du gouvernement d'alors, ayant atteint le faîte de sa gloire, se préoccuper des progrès des arts industriels et rendre le décret qui accordait un million à l'inventeur d'une machine à filer le lin, que

son profond génie lui indiquait comme devant être
de la plus haute importance.

Cette idée, que nos rivaux ont réalisée depuis lors,
est venue corroborer par ses grands résultats la juste
appréciation de Napoléon Ier, et démontrer de la manière la plus évidente : d'abord, la puissance des connaissances industrielles ; et ensuite, les sacrifices qui
sont indispensables pour obtenir des résultats d'une
aussi haute portée. De sorte que le gouvernement actuel ne devrait pas plus que ses précédesseurs, reculer
devant les besoins de notre époque, et accorder des
gratifications, des primes d'encouragement, et faire
des avances même aux artistes célèbres qui voudraient
bien s'occuper d'un mécanisme d'une aussi haute importance.

Avec un mécanisme qui réunirait les conditions
que j'ai indiquées, on pourrait fabriquer toutes les
étoffes brochées à la main, telles que damas de soie ;
tous les riches ornements en soie, or et argent, pour
les églises de la chrétienté ; toutes les étoffes en gazes
ou satins brochés ou découpés ; les tapis ou tapisseries
d'Aubusson ; les riches tentures à panneaux, portières,
fauteuils, canapés en tissus, dits Gobelins ; toutes les
étoffes pour ameublements en reps brochés ou lancés ;
et enfin, les magnifiques châles de l'Inde, dont la consommation annuelle est évaluée à quinze millions de
francs. Tous les articles ci-dessus, je le répète, qui sont
encore brochés à la main comme dans l'enfance de l'art,
sont fabriqués dans nos principales villes manufacturières, telles que Paris, Lyon, Nîmes, Aubusson, Tur-
coing, Amiens, Roubaix, etc., et forment dans chacune

de ces villes autant d'industries spéciales qui ont une très-grande importance.

En conséquence, et au moyen d'un mécanisme de cette nature, on pourrait fabriquer toutes ces étoffes à bon marché, et augmenter non-seulement la consommation, mais encore le travail national, et accroître ainsi le bien-être des populations.

Pénétré de ces besoins, et craignant que toutes ces riches productions à la perfection desquelles nos devanciers ont appliqué toutes les ressources de l'art du tissage de leur époque, restassent stationnaires au milieu des progrès qui surgissent de toute part, j'ai pensé qu'il serait utile à ceux qui s'occupent encore de ces divers métiers, de leur faire connaître les erreurs qui ont été commises et de leur indiquer par des exemples incontestables, puisés sur les produits mêmes, les moyens d'éviter ces erreurs, afin d'aborder franchement toutes les difficultés qui sont la conséquence du système économique du travail dont la réussite aurait une aussi haute importance.

C'est dans ce seul et unique but que je me suis permis de livrer à la publicité les études que j'ai faites sur le tissage, que j'ai décomposé de toutes les manières, heureux si elles peuvent être de quelque utilité à mon pays.

EXPLICATION DES PLANCHES

Planche 1.

Afin de démontrer de la manière la plus précise et la plus incontestable les erreurs qui ont été commises dans les essais qui ont été faits pour obtenir l'espoulinage mécanique du travail indien, et faire connaître la multiplicité des changements de couleurs qui ont lieu à chaque course, j'ai levé le fragment du dessin, figure 1, pris sur un châle de l'Inde, au moyen duquel j'ai décomposé, non-seulement le tissage, mais tous les effets qui sont la conséquence inévitable de ce travail.

On pourra reconnaître facilement par cet aperçu toutes les difficultés qu'il faut vaincre avant de penser au passage mutiple des espoulins sous la chaîne.

Ainsi, j'ai figuré ce fragment de dessin, mis en carte sur un papier briqueté; il contient douze briques de 4 fils chacune ou 48 fils de chaîne de A A, figure 1. Or, il est évident que tout le dessin sur lequel j'ai pris ce bouquet, avait la même réduction, c'est-à-dire la même finesse de détail que cette parcelle du dessin, car, s'il en était autrement, l'ensemble serait rompu.

Il en résulte que 48 fils répétés 133 fois produisent 6,384 fils, c'est-à-dire, à 16 fils près, le chiffre de 6,400, qui est la réduction des beaux châles des Indes; et afin de pouvoir distinguer parfaitement les changements qui viennent compliquer ce tissage, j'ai agrandi les briques de ce même dessin, représenté par la figure 2, afin de pouvoir mettre dans chaque brique les numéros qui quittent et qui prennent. J'ai extrait ces numéros, que j'ai placés à droite et à gauche de ce dessin, de C à C, afin d'en constater le nombre avec facilité. De cette manière, on peut voir clairement la multiplicité des changements et les besoins indispensables de trouver les moyens d'exécuter ces changements avec toute la célérité qu'exige un travail de cette nature; car j'ai représenté en grand, par la figure 4, le travail du crochetage du broché, et l'on peut remarquer par le vide qu'il y a de D à D, le mauvais effet que pourrait produire, soit un bout cassé, soit une couleur qui a quitté et n'a pas été remplacée.

D'un autre côté, si les changements n'ont pas été faits et que les mêmes couleurs soient restées en place, elles continuent de tisser ainsi qu'il est indiqué figure 7 de LL, au lieu de NN qu'elles auraient dû changer, et le dessin se trouve alors complétement défiguré. Il est donc indispensable que les moyens à employer soient à cet égard de toute sécurité.

Le figure 3 représente le travail du crochetage de chaque couleur sans tissage de la chaîne, afin de mieux distinguer le résultat de ce crochetage, de manière que l'on pourrait appliquer à ce travail le corps d'étoffe que l'on voudrait, c'est-à-dire croisé comme les tissus indiens, ou bien fond toile, satin à volonté, pour toute autre étoffe.

La figure 4 représente en grand le travail du crochetage, et l'on peut remarquer, par la séparation qu'il y a de D à D, les fautes graves que peuvent produire dans un dessin quelconque les couleurs qui n'ont pas été mises à leurs places respectives, que le crochetage des couleurs voisines ne peut jamais atteindre et forme un trou inévitable dans le tissu.

La figure 5 représente le crochetage des fils à brocher, ainsi qu'on le fait à la main. Les lettres de F à F représentent une portion des fils de la chaîne, allant en diagonale de droite à gauche. Les lettres E à E indiquent une portion de l'étoffe enroulée. La lettre G indique le fil à brocher qui vient se crocheter sur la lettre H, en le passant par-dessus, de la droite à la gauche en suivant la diagonale de la chaîne.

La figure 6 indique le retour à sens inverse, c'est-à-dire de gauche à droite, et vient compléter la course qui est toujours composée de deux duites en travail de l'Inde, par la raison que l'une crochette le broché à droite, et l'autre crochette le broché à gauche.

La figure **7** représente le travail du crochetage continuant toujours les mêmes couleurs, soit à cause des difficultés que l'on peut éprouver pour obtenir ces changements, ou bien par oubli ou cassure des bouts.

La figure 8 représente les fils à brocher, qui viennent se rapprocher sans pouvoir se crocheter K. Ce travail pourrait servir à certaines étoffes qui sont traversées par un coup de fond assez gros pour cacher le rapprochement de ces fils, qui sans cela font un écart et forment une innombrable quantité de petits trous dans le tissu.

La figure 9 représente les fils à brocher qui forment des brides à l'envers du tissu, et les lettres OO, teintées en jaune, indiquent la couleur qui forme cœur en dessous et vient lier la couleur rouge qui est crochetée de chaque côté.

La figure 10 représente les fils à brocher de diverses couleurs, qui, par le crochetage, ne forment qu'un seul bout d'une seule couleur tout en travers de l'étoffe.

La figure 11 indique par les lignes verticales de P à P les fils de la chaîne, et démontre que ces lignes sont bien crochetées par la trame de droite et celle de gauche RR; mais on voit aussi, à l'endroit de la lettre V, que les fils qui doivent crocheter et retenir la trame sont cassés, de manière qu'il en résulte un trou dans le tissage, et ce trou tend toujours à s'agrandir à chaque duite, à cause de la faiblesse du fil qui doit retenir cette trame au second coup par le changement de liage, jusqu'à ce que ce fil soit raccommodé, de sorte que rien ne peut le recouvrir, si ce n'est par une reprise faite à l'aiguille en dehors du tissage.

Outre cet inconvénient déjà fort grave, il en existe un autre qui vient augmenter encore le nombre de ces trous.

Ainsi, on peut remarquer que la tension que la main de l'ouvrier fait agir sur la trame pour crocheter les fils à brocher, soit à droite, soit à gauche RR, figure 2, produit un écart à la lettre SS, et cela, sur beaucoup d'endroits en même temps; de sorte que ces écarts viennent former des trous dans l'étoffe, et cette tension, qui exige tant de justesse pour ne pas produire ce mauvais effet, et que la main de l'ouvrier, quelles que soient d'ailleurs son habileté et sa longue expérience, ne peut régler avec toute la précision que pourrait le faire un moyen mécanique quelconque, vient ajouter encore une quantité considérable de trous à ceux qui ont été déjà produits par la cassure des fils, et occasionnent dans toutes les parties du dessin les défectuosités que j'ai représentées à trois endroits différents indiqués par la lettre X, figure 2, planche 1.

Planche 2.

Indépendamment des figures de la planche 1, qui font connaître tout le tissage du broché, il me reste à expliquer la règle à suivre pour préparer le passage des espoulins sous la chaîne.

Cette règle doit être divisée en trois parties pour chaque course. La première consiste à disposer les couleurs à brocher et à les amener à leurs places respectives, afin de pouvoir les crocheter.

La seconde est celle de lire, au moyen de la Jacquart ou tout autre mécanisme, la quantité de fils que doit prendre chacune de ces couleurs.

Et la troisième, celle de lire les cœurs de toutes les couleurs qui ne doivent pas être crochetées.

Ainsi, pour la première règle, j'ai figuré la marche à suivre au moyen des colonnes qui indiquent ce que je nomme des pantins, représentant les couleurs qui quittent et qui prennent. Et, en prenant pour point de départ la ligne indiquée par la dixième course, de A à A, figure 1, on peut remarquer, à la colonne des pantins bleus, le changement d'un espoulin, c'est-à-dire un espoulin bleu qui prend.

Et pour la seconde, en suivant la même ligne de B à B, pour la lecture des fils à brocher, on peut voir dans la colonne des pantins, deux espoulins à brocher noir et trois espoulins à brocher gris.

Et pour la troisième, toujours sur la même ligne de C à C, un espoulin à la colonne des pantins jaunes, pour la lecture des cœurs.

Ces trois opérations forment une course, c'est-à-dire deux duites, dont l'une va de droite à gauche, et l'autre de gauche à droite.

Et en suivant de la même manière les trois opérations sur la onzième course, on trouve un espoulin jaune qui quitte, un espoulin noir et un gris qui prennent, trois espoulins noirs et quatre espoulins gris à brocher : et dans la lecture des cœurs, un bleu et un jaune à brocher.

En continuant de même à la douzième course, on trouve : un gris qui quitte, un vert qui prend ; un vert et quatre gris à brocher et à crocheter, un bleu pour les cœurs.

Ainsi de suite, de la première à la vingt-huitième course, pour obtenir ce fragment de dessin.

Il résulte des changements à faire d'après l'addition E, qu'il y a 5,054 espoulins à changer, lesquels, en les divisant par 28 courses, produisent une moyenne de 180 changements par course, et en admettant qu'il y eût trois ouvriers sur chaque métier, ils auraient chacun 60 espoulins à changer ou à surveiller les changements.

Et, d'après la lecture de la figure 2 et de la figure 3, il y aurait d'après l'addition F 21,679 espoulins pour 28 courses seulement : ce qui produit une moyenne de 774 espoulins à brocher et à passer sous la chaîne à chaque course.

FIN.

TABLE DES MATIÈRES.

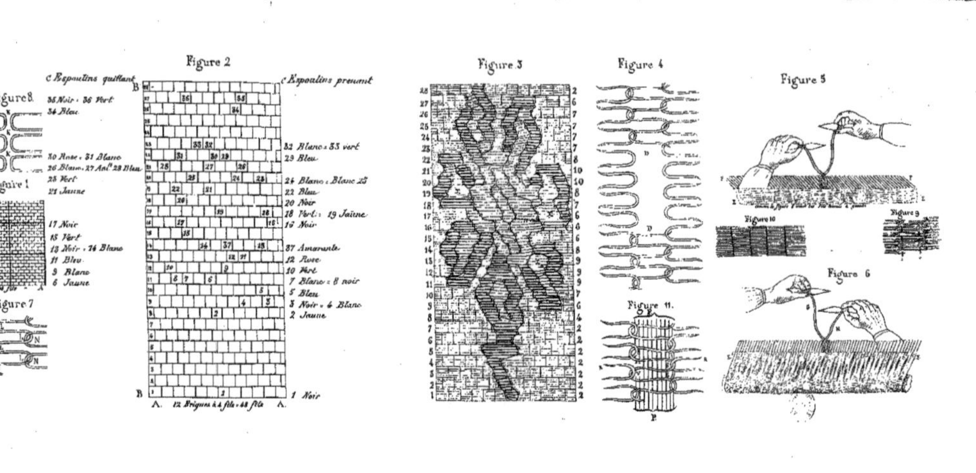

Figure 8
Figure 1
Figure 7
Figure 2
Figure 3
Figure 4
Figure 5
Figure 10
Figure 9
Figure 6
Figure 11
c Espoulins quittant
c Espoulins prenant
35 Noir . 36 Vert.
34 Bleu
30 Rose . 31 Blanc
26 Blanc. 27 Ani.t 28 Bleu
25 Vert
21 Jaune
17 Noir
15 Vert
13 Noir . 14 Blanc
11 Bleu
9 Blanc
6 Jaune
32 Blanc . 33 vert
29 Bleu
24 Blanc . Blanc 23
22 Bleu
20 Noir
18 Vert. 19 Jaune
16 Noir
37 Amarante
12 Rose
10 Vert
7 Blanc . 8 noir
5 Bleu
3 Noir . 4 Blanc
2 Jaune
1 Noir
12 Briques à 4 fils . 48 fils

Lecture pour marquer les changemens de couleurs qui quittent et qui prennent.

Figure 1

Pantins des couleurs qui quittent. | Pantins des couleurs qui prennent.

N° des Courses	Noir	Bleu	Jaune	Vert	Amand.	Rose	Gris	A	Noir	Bleu	Jaune	Vert	Amar.	Rose	Gris	Total des Changemens qui quittent et qui prennent sur 28 courses
1																1 fois 133 font 133
2																0 " 0
3																0 " 0
4																0 " 0
5																0 " 0
6																0 " 0
7																0 " 0
8												1				1 fois " 133
9									1						1	2 fois " 266
10	A							A				1			A	1 " 133
11			1						1						1	3 " 399
12							1					1				2 " 266
13		1												1		2 " 266
14	1						1						1			3 " 399
15					1											1 " 133
16	1											1				2 " 266
17													1	1		2 " 266
18												1				1 " 133
19			1									1				2 " 266
20				1											11	3 " 399
21		1		1	1											5 " 390
22						1	1			1		1				3 " 399
23												1			1	2 " 266
24																0 " 0
25																0 " 0
26		1														1 " 133
27	1															2 " 266
28	1															1 " 133
																F. 5054

Moyenne 180

Lecture des couleurs à crocheter   Lecture des couleurs non crochetées

Figure 2.   Figure 3.

Pantins des couleurs crochetant. | Pantins des couleurs qui forment cœur.

N°	Noir	Bleu	Jaune	Vert	Amar.	Rose	Gris	C	Noir	Bleu	Jaune	Vert	Amar.	Rose	Gris	Total des deux lectures crochetées et non-crochetées sur 28 courses
1							Λ		X							2 fois 133 font 266
2							Λ		X							2 " 266
3							Λ		X							2 " 266
4							Λ		X							2 " 266
5							Λ		X							2 " 266
6							Λ		X							2 " 266
7							Λ		X							2 " 266
8	Λ						11				X					4 " 532
9	Λ1						111				X					6 " 798
10	Λ1	1					111				X					7 " 931
11	1ΛΛ						1111			X	X					9 " 1197
12	11Λ			1			1111				X					9 " 1197
13	Λ11					1	111				X	X				9 " 1197
14	Λ1					Λ	111					X	X			8 " 1064
15	Λ					Λ	11					X	X			6 " 798
16	11					Λ	11						X			6 " 798
17	1		1	Λ	1		1				/					6 " 798
18	11		1	Λ	1		11				/					8 " 1064
19	11	1	1			Λ					/		X			7 " 931
20	ΛΛ					Λ	1111					X	X			10 " 1330
21	111					Λ	1111						X			10 " 1330
22	111					1	111									8 " 1064
23	1Λ			1			111		X							7 " 931
24	ΛΛ						111		X		X					7 " 931
25	ΛΛ						111		X		X					7 " 931
26	Λ1	1					111				X					7 " 931
27	11				1		111									6 " 798
28							Λ		X							2 " 266
																F. 21.679

Moyenne 774

1 figure le crochetage simple.
Λ figure le crochetage qui contourne une couleur
X figure le non crochetage des cœurs